风景园林理论与实践系列丛书

北京林业大学园林学院　主编

City Green Boundary:

# 城市绿色边界

## —— 城市边缘区绿色空间的景观生态规划设计

*Landscape Ecological Planning and Design of the Urban Fringe Green Space*

王思元　著

U0364203

中国建筑工业出版社

**图书在版编目（CIP）数据**

城市绿色边界——城市边缘区绿色空间的景观生态规划设计/王思元著. —北京：中国建筑工业出版社，2016.7
（风景园林理论与实践系列丛书）
ISBN 978-7-112-19314-1

Ⅰ.①城… Ⅱ.①王… Ⅲ.①城市绿地—城市规划—绿化规划—研究 Ⅳ.①TU985.1

中国版本图书馆CIP数据核字（2016）第064390号

责任编辑：杜 洁 兰丽婷
书籍设计：张悟静
责任校对：刘 钰 党 蕾

风景园林理论与实践系列丛书
北京林业大学园林学院 主编
## 城市绿色边界——城市边缘区绿色空间的景观生态规划设计
王思元 著

\*
中国建筑工业出版社出版、发行（北京西郊百万庄）
各地新华书店、建筑书店经销
北京锋尚制版有限公司制版
北京云浩印刷有限责任公司印刷
\*
开本：880×1230毫米 1/32 印张：5¼ 字数：170千字
2016年8月第一版 2016年8月第一次印刷
定价：**35.00**元
ISBN 978 – 7 – 112 –19314 – 1
（28551）

# 学到广深时，天必奖辛勤

## ——挚贺风景园林学科博士论文选集出版

　　人生学无止境，却有成长过程的节点。博士生毕业论文是一个阶段性的重要节点。不仅是毕业与否的问题，而且通过毕业答辩决定是否授予博士学位。而今出版的论文集是博士答辩后的成果，都是专利性的学术成果，实在宝贵，所以首先要对论文作者们和指导博士毕业论文的导师们，以及完成此书的全体工作人员表示诚挚的祝贺和衷心的感谢。前几年我门下的博士毕业生就建议将他们的论文出专集，由于知行合一之难点未突破而只停留在理想阶段。此书则知行合一地付梓出版，值得庆贺。

　　以往都用"十年寒窗"比喻学生学习艰苦。可是作为博士生，学习时间接近二十年了。小学全面启蒙，中学打下综合的科学基础，大学本科打下专业全面、系统、扎实的基础，攻读硕士学位培养了学科专题科学研究的基础，而博士学位学习是在博大的科学基础上寻求专题精深。我唯恐"博大精深"评价太高，因为尚处于学习的最后阶段，博士后属于工作站的性质。所以我作序的题目是有所抑制的"学到广深时，天必奖辛勤"，就是自然要受到人们的褒奖和深谢他们的辛勤。

　　"广"是学习的境界，而不仅是数量的统计。1951年汪菊渊、吴良镛两位前辈创立学科时汇集了生物学、观赏园艺学、建筑学和美学多学科的优秀师资对学生进行了综合、全面系统的本科教育。这是可持续的、根本性的"广"，是由风景园林学科特色与生俱来的。就东西方的文化分野和古今的时域而言，基本是东方的、中国的、古代传统的。汪菊渊先生和周维权先生奠定了中国园林史的全面基石。虽也有西方园林史的内容，但缺少亲身体验的机会，因而对西方园林传授相对要弱些。伴随改革开放，我们公派了骨干师资到欧洲攻读博士学位。王向荣教授在德国荣获博士学位，回国工作后带动更多的青年教师留学、进修和考察，这样学科的广度在中西的经纬方面有了很大发展。硕士生增加了欧洲园林的教学实习。西方哲学、建筑学、观赏园艺学、美学和管理学都不同程度地纳入博士毕业论文中。水源的源头多了，水流自然就宽广绵长了。充分发挥中国传统文化包容的特色，化西为中，以中为体，以外为用。中西园林各有千秋。对于学科的认识西比中更广一些，西方园林除一方风水的自然因素外，是由城市规划学发展而来的风景园林学。中国则相对有独立发展的体系，基于导师引进西方园林的推动和影响，博士论文的内容从研究传统名园名景扩展到城规所属城市基础设施的内容，拉近了学科与现代社会生活的距离。诸如《城市规划区绿地系统规划》、《基于绿色基础理论的村镇绿地系统规划研究》、《盐水湿地"生物—生态"景观修复设计》、《基于自然进程的城市水空间整治研究》、《留存乡愁——风景园林的场所策略》、《建筑遗产的环境设计研究》、《现代城市景观基础建设理论与实践》、《从风景园到园林城市》、《乡村景观在风景园林规划与设计中的意义》、《城市公园绿地用水的可持续发展设计理论与方法》、《城市边缘区绿地空间的景观生态规划设计》、《森林资源评估在中国传统木结构建筑修复中的应用》等。从广度言,显然从园林扩展到园林城市乃至大地景物。唯一不足是论题文字烦琐,没有言简意赅地表达。

学问广是深的基础,但广不直接等于深。以上论文的深度表现在历史文献的收集和研究、理出研究内容和方法的逻辑性框架、论述中西历史经验、归纳现时我国的现状成就与不足、提出解决实际问题的策略和途径。鉴于学科是研究空间环境形象的,所以都以图纸和照片印证观点,使人得到从立意构思到通过意匠创造出生动的形象。这是有所创造的,应充分肯定。城市绿地系统规划深入到城市间空白中间层次规划,即从城市发展到城市群去策划绿地。而且从城市扩展到村镇绿地系统规划。进一步而言,研究城乡各类型土地资源的利用和改造。含城市水空间、盐水湿地、建筑遗产的环境、城市基础设施用地、乡村景观等。广中有深,深中有广。学到广深时是数十年学科教育的积淀,是几代师生员工共铸的成果。

反映传承和创新中国风景园林传统文化艺术内容的博士论文诸如《景以境出,因借体宜——风景园林规划设计精髓》是吸收、消化后用学生自己的语言总结的传统理论。通过说文解字深探词义、归纳手法、调查研究和投入社会设计实践来探讨这一精髓。《乡村景观在风景园林规划与设计中的意义》从山水画、古园中的乡村景观并结合绍兴水渠滨水绿地等作了中西合璧的研究。《基于自然进程的城市水空间研究》把道法自然落实到自然适应论、自然生态与城市建设、水域自然化,从而得出流域与城市水系结构、水的自然循环和湖泊自然演化诸多的、有所创新的论证。《江南古典园林植物景观地域性特色研究》发挥了从观赏园艺学研究园林设计学的优势。从史出论,别开蹊径,挖掘魏晋建康植物景观格局图、南宋临安皇家园林中之梅堂、元代南村别墅、明清八景文化中与论题相符的内容和"松下焚香、竹间拨阮"、"春涨流江"等文化内容。一些似曾相见又不曾相见的史实。

为本书写序对我是很好的学习。以往我都局限于指导自己的博士生,而这套书现收集的文章是其他导师指导的论文。不了解就没有发言权,评价文章难在掌握分寸,也就是"度"、火候。艺术最难是火候,希望在这方面得到大家的帮助。致力于本书的人已圆满地完成了任务,希望得到广大读者的支持。广无边、深无崖,敬希不吝批评指正,是所至盼。

孟兆祯
2015 年 1 月

# 前　言

在北京十余年的求学与生活经历,让本人对北京的认识从陌生转变为熟悉。同时,也见证了在一系列城市事件的推动下,北京以惊人的速度发生着的变化:2008 年奥运会举办至今,北京中轴线向南北两侧延伸,带动了周边一系列的基础设施建设,北京林业大学门前破旧的双车道变成了四车道,低矮的房屋被高耸大楼所替代,就连曾经是北京边缘地带的五环周边,现今也是基础设施完善、一片繁华的景象。2013 年,北京国际园林博览会加速了丰台地区的城市化。2014 年政府提出的京津冀一体化、2019 年延庆世界园艺博览会、2022 年北京冬奥会,又将使北京的城市格局在未来发生变化。

然而,本人在感受到城市化发展带来的通行便捷、基础设施完善的同时,也注意到在城市边缘区存在着一些自然景观破碎、生态环境恶化、城市生态失衡、城市功能失调等问题。一个疑惑不禁浮现于脑海之中:城市化是好还是坏?

在其后的学习和工作期间,本人前往欧洲进行城市考察,收获颇丰。领略了高度城市化背景下欧洲的宜人环境后,久困于心的问题也随之得到解答:城市化是一把双刃剑,只有合理适度地进行开发才会使城市与自然和谐共存。

于是,本人开始探求通过景观规划设计的方式去解决和缓解我国城市化进程中遇到的生态环境问题。2010 年,第 48 届国际风景园林师联盟(IFLA)大会,将本人的研究视线引向城市边缘区。城市边缘区是城市与自然的过渡地带,有着复杂的用地性质,也是城市问题频发且最易被忽略的地带。绿色空间是一个复合生态系统,其以绿地系统为基本骨架,将区域内各类生态要素组合起来,共同构成一个生态空间网络。位于城市边缘区内的绿色空间,在城市无序蔓延的抑制、生态环境的保护、资源的合理开发利用以及农业产业的改革等方面起着非常重要的作用。

因此,本书以城市边缘区绿色空间为研究对象,以其景观生态规划设计为研究内容,从景观规划设计和城市规划相协作的角度出发,对城市边缘区绿色空间的构建进行探讨。

由于城市边缘区涉及的范围广泛,本书无意为城市边缘区绿色空间的景观生态规划设计提出标准答案,只是想通过对现实问题的探讨,提出能适用于我国城市边缘区绿色空间发展的方法。由于本人学识和阅历有限,使得本书在许多方面都不完善,恳请广大读者和风景园林规划设计界同行批评指正。

# 目 录

# 第1章

## 绪论——城市化的迷思

## 1.1 快速城市化的副产品——"城市病"为人们敲响了警钟

城市化是社会经济发展到一定历史阶段的产物，是近代城市在工业革命以后迅速发展的必然结果。城市化不同于以往任何时期的城市发展，是指城市从人口数量、规模、分布，经济结构，社会文化和生活方式等方面发生急剧变化，从而导致人类的生产和生活方式从农村性状态到城市性状态的改变，并不断地向深度和广度推进，最终实现城乡一体化的过程[1]。城市化是现代化程度的一种体现，能够有效改善人们日常的生活条件，然而过快和过度的城市化也会产生一系列的城市问题，其中表现最为突出的就是"城市病"。

"城市病"是指城市在发展过程中出现的交通拥堵、住房紧张、供水不足、能源紧缺、环境污染、秩序混乱以及物质流、能量流的输入、输出失去平衡，需求矛盾加剧等问题的集中体现。它是一种"综合征"，其产生的实质是以城市人口为主要标志的城市负荷量超过了以城市基础为主要标志的城市负荷能力，使城市呈现出不同程度的"超载状态"[2]。

改革开放以来，伴随着经济和城市化的快速发展，我国一些大城市的"城市病"也日益严重，引起了社会各界的广泛关注。1996～2009年间，我国城市化水平年均提高1.24个百分点，2010年中国的城市化率达到47.5%。根据社科院对中国2010～2050年城市化水平和速度的预测，在未来十五年，中国城市化水平仍将快速提升，至2050年中国城市化水平将达到70%左右[3]。随之而来的"城市病"也在我国快速城市化进程中蔓延开来，城市的交通拥堵、房价高涨、雾霾等现象已从一线城市"扩展"至二线、三线城市。这些给生活在城市中的人们敲响了警钟。

## 1.2 快速城市化为城市边缘区发展带来了巨大的压力

在城市发展进程中，由于人口、经济增长使得城市的成本或费用增大，当城市的增长效益大于增长成本时，城市规模不可避免地要进行扩大，这也成为缓解"城市病"的一种常见做法。城市边缘区是城市与乡村的交界地带，是城市空间规模扩大的主要对象，其内部各用地空间的合理布局对抑制城市的无序蔓延、实现城市的可持续发展起着重要的作用。然而，在我国一些城市进

行快速城市化过程中，城市发展决策者们往往因为追求短期利益
而忽视对城市边缘区内部空间的合理布局，进而增加了城市生态
及社会问题产生的可能性。城市无序扩张，使得土地浪费、景观
建设无序、历史文化遗失、乡村人口流动、区域文化身份丧失以
及生态环境恶化等现象普遍存在于城市边缘区内[4]。优秀的自然
文化资源和历史遗迹遭到破坏，富有地域特色的城乡景观逐渐消
失，重要的生态敏感区被侵占和蚕食，城市与自然之间的生态平
衡被打破，这些都将给城市边缘区和谐、稳定地发展带来巨大的
压力。

## 1.3　景观生态规划为解决城市边缘区的发展问题带来了机遇

　　吴良镛院士曾经强调应对城市边缘区的用地与环境保护加强
重视，认为："在对待城市内部与外部地域空间的相互关系上，主
城区与边缘区的规划建设同等重要，其空间发展不能以牺牲边缘
区的生态环境质量为代价，并要对其进行近远期的规划。"[5]在城
市边缘区内存在着大量的农田、水系、湿地、自然保护区等自然
资源，是城市边缘区用地构成的重要成分，它们的存在关系着城
市边缘区的景观结构与生态环境质量。合理有效地开发利用这些
自然资源，对于建设良性的城市边缘区空间结构有着至关重要的
作用。
　　近年来，人们在反思"城市病"产生由来的同时，开始关注
和接受"生态城市"、"绿色城市"、"低碳城市"等城市发展理
念，期望通过合理调节城市与自然之间的关系，来缓解城市的无
序蔓延、生态失衡等问题。景观生态规划作为一种可持续的规划
手段，强调对自然资源的合理利用与生态整合，能够使自然资源
被开发利用的同时得到妥善的保护。因此，将景观生态规划运用
于城市边缘区建设之中，可有效引导城市边缘区的发展方向，为
解决现有城市边缘区出现的问题带来了机遇。

# 第 2 章

# 认识城市边缘区绿色空间

## 2.1　城市边缘区

### 2.1.1　城市边缘区的界定

"边缘"是相对于"中心"的概念,《现代汉语词典》中将其解释为"边缘——沿边的部分;靠近界线的,同两方面或多方面关系的区域"[1]。从规划学的角度来理解边缘区,是指城市中心以外的、具有融合相邻异质空间特点而又不失其个性的特殊区域。城市边缘区所指的对象为城市空间结构中,城市建成区的外延部分。

由于其边界的模糊性,长期以来对城市边缘区的定义有很多:1936年,德国地理学家赫伯特·路易斯(Harbert Louis)首先提出了城市边缘带(stadtrandzonen),他指出城市边缘带是"一个连续封闭的,围绕内城并与其相吻合的环状地带"(图2-1)[2];1960年,果勒杰(R.G.Golledge)称城市边缘区为"无人地域"(no-man's region)[3];同年,英国学者科曾(M.R.G.Conzen)将边缘带结构划分为内边缘、中边缘和外边缘带三个层次;1968年,普利尔(R.G.Pryor)将其定义为"位于连片的建成区与城市郊区内,在城乡间土地利用,社会和人口统计学等方面具有明显差异特征的纯农业腹地的土地利用转变地区"[4];1975年,洛斯乌姆(Russwurm)将其定义为"位于城市核心区外围地区,是城市

**图2-1 路易斯对柏林内部边缘的划分[2]**

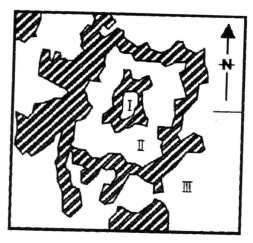

Ⅰ　老城区
Ⅱ　早期的郊区
Ⅲ　主要的住宅区
1850～1918年建立

边缘带

发展指向性因素集中渗透的地带，其土地利用已处于从农村转为城市的高级阶段，也是郊区和乡村城市化的地区"[5]；20世纪80年代，安加纳·德塞（Anjana Desai）和斯密塔·森·古普塔（Smlta Sen Gupta）提出了乡村边缘带名词，认为城市边缘带与乡村边缘带共同组成了乡村城市边缘带[6]（表2-1）。

国外城市边缘区概念比较[6]    表2-1

| 年份及提出者 | 名称 | 定义及侧重内容 | 简析 |
|---|---|---|---|
| 1936年，赫伯特·路易斯（Harbert Louis） | 城市边缘带 | 是指城市新区与旧区相连接的一部分 | 最早提出了城市边缘带的概念 |
| 1942年，威尔文（G. S. Werhwein） | 城市边缘带 | 在已被承认的城市土地与农业地区之间的用地转变地域 | 较为完善的城市边缘带概念 |
| 1942年，安德鲁斯（R. B. Andrews） | 乡村-城市边缘带 | 乡村-城市边缘带是整个城乡过渡的地带的全部，包括城市边缘在内，需将两者区别使用 | 弥补了城市边缘带的片面性，被众多学者所接受 |
| 1953年，麦坎（W. C. Mkcain）和恩莱特（R. G. Burnight） | 限制边缘带、扩展边缘带 | 主张将城市与城乡之间的边缘带划分为限制边缘带与扩展边缘带两类 | 在一定程度上克服了城市边缘带提法的不足 |
| 20世纪60年代，科曾（Conzen MRG） | 城市边缘带 | 认为城市边缘带是城市地域扩展的前沿，并将其划分为内缘带、中缘带、外缘带 | 完善了城乡过渡地带的划分 |
| 20世纪70年代，卡特（H. Carter）和威特雷（S. Wheatley） | 城市边缘区 | 边缘带已发展成为一个特殊的区域，其特征既不像城市也不像农村，具有综合特征 | 引发了学者对城市边缘带名称的异议 |
| 1968年，普利尔（RJ. Pryor） | 乡村-城市边缘带 | 是一种土地利用、社会和人口特征的过渡地带，位于中心城连续建成区与外围几乎没有城市居民住宅及非农土地利用的纯农业腹地之间，兼具有城市和乡村的特征，人口密度低于中心城区，但高于周围农村地区 | 权威性的定义 |
| 1975年，洛斯乌姆（L. H. Russwumr） | 城市边缘区 | 位于城市核心区外围，是城市发展指向性因素集中渗透的地带 | 把区域城市结构划分为城市核心区、边缘区、影响区 |

国内城市边缘区概念比较[6]
表2-2

| 年份及提出者 | 名称 | 定义及侧重内容 | 简析 |
|---|---|---|---|
| 20世纪80年代 | 城市边缘带 | 城市建成区与广大乡村地区相连接的部位，城市环境空间向乡村环境空间的过渡地带 | 国外引进概念 |
| 20世纪80年代中期，规划界与土地管理部门 | 城乡接合部 | 指城市市区与郊区交错分布的接壤地带。目的是便于对城市规划区外缘进行规划与管理 | 注重城市与乡村功能的相互作用、相互渗透 |
| 1993年，顾朝林 | 城市边缘区 | 从理论上讲，其内边界应以城市建成区基本行政单位为界，外边界应以城市物质要素的特性、经济特性、土地利用特性和影响的城市边缘区扩散范围为界，将这一城乡空间地域划分为城市边缘区 | 国内较早的具有影响力的城市边缘区概念 |
| 1995年，陈佑启 | 城乡交错带 | 指城市建成区与广大乡村地区相连部位，城乡要素逐渐过渡，彼此相互渗透、相互作用，各种边缘效应明显，功能互补强烈，性质既不同于典型的城市，又有异于典型农村的中间地带 | 反映了城市-乡村过渡地带的基本特征 |
| 1997年，张建明、许学强 | 城市边缘带 | 位于城市建成区与纯乡村地域之间的受城市辐射影响巨大的过渡地带 | 提出概念的混乱，给研究带来了麻烦 |

中国对城市边缘区方面的研究起步较晚。1989年，顾朝林等学者发表了《简论城市边缘区研究》一文，将城市边缘区定义为："位于城市建成区的外围，从社区类型看，它是从城市到乡村的过渡地带；从经济类型看，这一地域自然成为城市经济与乡村经济的渐变地带。[7]"这个概念名称目前在我国得到比较普遍的认可。这之后，由于中国城市的地域结构划分有诸多标准，对城市边缘区的命名有不同的看法，其中主要命名有："城乡接合部"、"城乡混合带"、"城乡交错带"、"城乡边缘区"等等，它们之间在地域上又有一定程度的交叉重叠（表2-2）。

目前，国内学者将城市边缘区的概念根据其覆盖的范畴，分为广义和狭义两个层面。广义的概念范畴又分为城市郊区、市辖区、影响区三个层次[8-9]。其中城市郊区是紧邻城市建成区的行政建设区，它是城市建成区外一定范围内的区域，受城市经济辐射，社会意识和城市生态效应的影响，又分为近、中、远郊带三个圈层。近郊带与中心城连接，被城市交通外环线、环城绿带与中郊带分隔，其生产生活方式及景观以城市为主，是城区外延扩张的目标空间；中郊带是位于城市交通外环线和城市绿带外侧的地域，它是城市工业的扩散基地，也是郊区农村工业化和城市化的空间积聚区域；远郊带位于郊区交通环线外侧，是城市与农村的过渡地带，也是城市所需农副产品的生产基地，由于离中心城较远，远郊带的景观仍以农村景观为主。市辖区是根据行政区划分的中心城周边的若干个县级行政单元，它们在经济等方面与主城区有较为密切的联系，但多数不被看作郊区，也有个别为城市提供服务的县可视为远郊。影响区是指某一大城市的经济及城市规模辐射到城市辖区之外某部分城镇的发展区域[10]。

狭义的概念是指城市建成区周边一定范围内的环状地带，其在空间范畴上也可被看作是广义城市边缘区中的第一层，通常被称为"城乡接合部"。它紧邻城市建成区，具有城市与乡村的某些功能与特点，人口密度介于城市建成区与一般的郊区乡村之间，产业方面逐渐由纯农产业转向非农产业，兼农产业在内部经济收益结构中占有较大的比重（图2-2）。

**图 2-2 城市边缘区范围界定**[10]

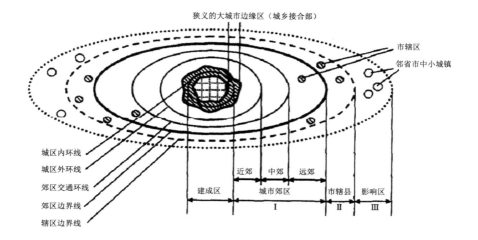

尽管中国学者们从不同的角度对城市边缘区提出了不同的定义和划分，但到目前为止，还没有形成统一的认识，这也反映了中国城市边缘区问题的复杂性。本书延续顾朝林等人提出的"城市边缘区"的名称，将其限定为：介于城市与乡村之间独立的地域单元，是城市建成区延伸至周边广大农业用地融合渐变的区域。其范围是城市发展到一定阶段，以城市建成区的基本界线为内边界，以具有城市指向型的物质要素如工业、居住、交通、绿地等的扩散范围为外边界，它不仅涵盖了狭义的城市边缘区，还包括了部分中、远郊的范围，如在乡村用地上建设城市型功能区，以及其与周围乡村的交接地带。

### 2.1.2　城市边缘区的基本特征

1. 区域的过渡性

城市边缘区位于城市中心建成区与广大乡村地区之间，是城市向周边区域发展的产物，也是用地逐步城市化的某个阶段，城市与乡村的各种要素在边缘区内分布。在人口方面，这里是城乡人口混居以及城市社区和农村社区混合交融的地带，农业人口占多数，人口流动大；在经济层面，其在原有农村经济的基础上叠加了城市经济要素，使得产业结构发生变化，出现了多样化特点；在社会文化层面，城市文化不断向边缘区渗透，出现了城乡文化特征的二元并列。

2. 区域的动态性

城市边缘区的扩展是时空一体化的过程，其土地利用结构可变性强，空间优化潜能高，因此，城市边缘区具有一定的动态性。随着城市规模、辐射强度以及城乡关系的变化，城市边缘区的边界与内部各要素也发生着变化，本时段的乡村有可能成为下一时段的城市边缘区，本时段的边缘区有可能成为下一时段的中心城区，而同一地段在不同的时期，也会因社会经济发展水平的不同，进行城镇体系与行政区划等的调整，呈现出"平衡—发展—再平衡"的动态发展过程。

3. 区域的非均衡性

通常情况下，城市发展的压力在各个方向上并不均衡，并且由于受到自然条件（山脉、河流等）以及人为因素（高速公路等）的限制，边缘区的扩展具有明显的方向性；同时，边缘区的空间扩展也会随着经济的发展产生周期性的波动，从而形成在边缘区内部不同要素的分布密度、水平及功能分布的不同以及变化梯度大等现象。

## 4．区域的互补性

城市边缘区的发展依附于城市，同时为城市分担着压力，二者形成一种经济职能带动和功能互补的关系。

首先，随着城市的不断发展，边缘区凭借优越的区位条件，缓解城市在住宅、交通和就业等方面的压力，城市通过建设区域的交通网络以及互补的空间结构，将部分职能从中分离出来，在满足和解决各种基本生存需求的同时，为其发展开辟新的拓展空间。

其次，各种城乡要素及其功能在城市边缘区内呈现出频繁的物质和能量交换，使得城市边缘区成为城乡之间的活跃地带。它吸收和接纳了来自城市的技术、资金与信息，以及来自乡村的劳动力，在其内部形成互补与竞争的关系，并反作用于城市与更广阔的农村，最终成为城乡之间的联系枢纽。

### 2.1.3　形成机制

我国城市边缘区的形成受到多种因素的影响，包括政府、基层组织以及外部因素：

#### 1．政府自上而下的机制

政府在城市边缘区的发展中起着主导作用。我国大多数城市处在一个快速扩张的阶段，城市边缘区由于紧邻城市中心区，成为城市扩张的首要对象。在实际的操作过程中，政府通过制定政策和文件，采用规划等手段，有意识地促进城市边缘区的发展，并对其进行宏观调控。

#### 2．基层组织自下而上的机制

城市边缘区内的基层组织自下而上地迎合政府意愿，主动发展。例如来自地方乡镇的政府和农民，通过自筹资金等手段，创办乡镇企业，为当地人口提供新的就业岗位，吸引农村剩余劳动力，从而推动了当地经济的大幅度发展，增加当地建设的资金来源，带动了当地建设及面貌的改观。

#### 3．外部驱动力的机制

除了政府和基层以外，外部驱动力的加入也促成城市边缘区的形成。如由于国家宏观经济发展的需求，在区域范围内产生影响，辐射到城市边缘区。又如一些企业、房地产、教研基地的迁入，也影响着边缘区的结构和面貌。

## 2.2　城市绿色空间

### 2.2.1　概念界定和分类

绿色空间（green space）一词最早出现在城市空间规划的相关研究中。随着城市的不断发展，许多自然景观遭到破坏，城市生态失衡，引起诸如热岛效应、空气污染、水土流失等生态环境问题。为平衡社会经济发展与自然资源的可持续利用，实现经济效益与生态效益的双赢，城市绿色空间的规划思想被人们提出，并逐步发展起来。它将城市各类生态要素有效地组织起来，为城市生物多样性和自然资源的保护及管理提供平台。

由于国内外城市自然资源保护的发展及侧重点的不同，目前学者们对城市绿色空间的概念尚未达成共识。李海波等认为绿色空间是一个复合生态系统，它以自然和人工植被为主要存在形态，对生态、景观和居民的休闲生活有着积极作用，能够起到维持生态平衡、休闲娱乐等功能，其内容包括城市森林、园林绿地、都市农业、绿色廊道、滨水绿地以及立体空间绿化等[11]；孟伟庆等认为，城市绿色空间是城市地区覆盖着植物的空间，是城市地区森林、灌丛、绿篱、花坛、草地等植物的总和[12]；常青等认为，城市绿色空间为由具有光合作用的绿色植被与其周围光、土、水、气等环境要素共同构成的具有生命支撑、社会服务和环境保护等多重功能的城市地域空间[13]。

在国外城市生态学、景观规划以及相关法律规范中，更多提及的是城市开敞空间（open space）。1887年，英国伦敦制定了《都市开敞空间法》，被认为是开放空间概念出现的标志；1906年，英国将《都市开敞空间法》修编，正式定义开敞空间为"任何围合或是不围合的用地，其中没有建筑物，或者少于1/20的用地有建筑物，其余用地用作公园或娱乐，或是堆放废弃物，或是不被利用"[14]。美国1961年房屋法规定开放空间（open space）是城市内任何未开发或基本未开发的土地，也就是游憩地、保护地、风景区等空间；日本学者高原荣重认为城市用地是由建筑用地、交通用地和开放空间共同构成的，其中，开放空间由公共绿地和私有绿地组成；塞伯威尼则把开放空间定义为"所有园林景观、硬质景观、停车场以及城市里的消遣娱乐设施"[15]。

综上所述，城市绿色空间是位于城市内部的一个复合生态系统，其以城市绿地系统为基本骨架，将城市各类生态要素组合起来，共同构成一个生态网络，它能够有效缓解城市生态问题，为城市居民提供良好的生活、休闲空间。

### 2.2.2　分类

　　城市绿色空间是人类在自然环境中活动的产物，是人类创造、改造和利用自然的产物。从城市景观系统构成要素类型来看，包括了非生物要素和生物要素；从人为干预程度来看，又分为人工化、人工化程度较高、人工化程度较低、模拟自然、完全干预和未干预几个级别。在识别要素属性时，可依据要素类型的人为干预程度，将城市绿色空间系统要素分为自然属性和人文属性，以此可建立起城市绿色空间要素的二元属性划分（表2-3）。

城市景观要素二元属性划分结果　　　　　表2-3

| 属性 | 要素类型 | 人为干预程度 |
| --- | --- | --- |
| 人文属性 | 非生物要素 | 人工化 |
| | 非生物要素 | 人工化程度较高 |
| | 生物要素 | 完全干预 |
| | 生物要素 | 人工干预较高 |
| 自然属性 | 非生物要素 | 人工化程度较低 |
| | 非生物要素 | 半自然 |
| | 生物要素 | 未干预 |
| | 生物要素 | 人工干预较低 |

　　对非生物要素的属性进行界定时，主要依据其产生的过程和呈现的人工化程度来判断，如判断城市内的山体、湖泊属性时，若是自然形成的，其属性可界定为自然属性，若是人工挖填形成的，其属性则为人文属性；又如判断城市内的河流属性时，若人工改造化程度较高，其属性为人文属性，若人工改造化程度较小，则为自然属性。非生物要素的属性界定过程一般可采用调查当地历史资料、现场勘查和遥感影像相结合的方式进行。

　　对生物要素的属性界定，则可根据生物生态过程受人类的干预程度来判断。生态过程是生物维持生命的物质循环和能量转换过程，在自然状态下，生物的生态过程具有自发性和无指向性，而受人类干扰后，生物的生态过程则表现得更有方向性。如城郊的农田，由于在人为作用下，其生长周期和生长状态受到人为控制，其景观也呈现出一定的周期性，这类要素则应界定为人文属性；又如城市内的公园植被群落，虽然由人工种植，但人类仅对其姿态进行修剪和管理，因此其呈现的景观基本还是处于自然状态下的周期性变更，因此，这类要素则界定为自然属性。生物要素的属性界定过程一般可采用现场调查和遥感影像相结合的方式进行。

因此，可将城市绿色空间分为人工型、干预型和自然型三类：人工型是指那些人工化或需要较强的人工干预才能维持的区域，主要包括：城市园林绿地、农业用地；干预型是指人类为非生产性目的，如娱乐、休闲、环境保护，改造开发的自然区域，主要包括郊区公园、森林公园以及河流、湖泊、防护林带、隔离带等；自然型是受人类干扰少、自然演替占优势的自然生态区，主要包括城市湿地、自然保护区、难开发区等。

### 2.2.3　基本功能

1. 生态功能

城市绿色空间作为城市生态系统的重要组成部分，具有净化空气、调节小气候、削弱噪声、保持水土、降低城市热岛效应、调节城市生态平衡等生态功能。

2. 休闲功能

城市绿色空间包含各种公园绿地、市民广场等休闲活动空间，能够为城市居民提供休闲娱乐、科普教育等服务功能。

3. 美学功能

城市绿色空间由植被等自然要素组成，可以给人以美的享受。同时，不同城市的绿色空间所拥有的自然资源不同，能够突出该城市的个性，创造出丰富多彩的城市空间体系。

4. 避灾功能

城市绿色空间可以作为灾难发生的避难地，在灾难发生时，为灾民提供临时住所，同时可以作为物资储备及发放的临时空间，具有避灾功能。

## 2.3　城市边缘区绿色空间

### 2.3.1　概念界定

通过以上对绿色空间的分析能够得出，作为城市内部的一个复合生态系统，城市绿色空间对城市的景观、生态和居民的休闲生活有着积极作用，能够起到维持生态平衡、休闲娱乐等作用。城市绿色空间亦对城市结构塑造、城市风貌体现有着至关重要的作用，影响着城市的整体形象。

　　在城市边缘区内，应该同样存在着类似于城市绿色空间的一个体系，它由各种绿地、水体、农业用地等自然与近自然空间组成，能够对塑造城市边缘区的空间结构、维持区域内的生态平衡起到重要的作用。在进行城市边缘区建设时，应该对这个体系加以重视，合理保护和利用，这将对城市边缘区乃至整个区域的可持续发展有着重要的意义。

　　目前学术界内并没有对这个体系进行专门的命名和定义，本研究在总结城市绿色空间定义的基础上，将其命名为城市边缘区绿色空间，结合景观生态学理论，定义城市边缘区绿色空间为：位于城市边缘区内，由植被及其周围的光、水、土、气等环境要素共同构成的自然与近自然空间，在地域范围形成由不同土地单元镶嵌而成的复合生态系统，具有较高的生态保护、景观美学、休闲游憩、防震减灾、历史文化保护等生态、社会、经济、美学价值。它的形成既受自然环境条件的制约，又受人类经营活动和经营策略的影响，承担着城市边缘区形态建构、社会空间融合、城市可持续发展维护的重要职能。

### 2.3.2　组成要素

#### 1. 自然要素

　　严格来说，自然景观是指未经人类干扰和开发的景观。事实上，在城市边缘区域内，此类自然景观已经变得越来越少。因此，本书讨论的自然要素是指能够基本维持自然状态且受人类干扰较少的景观，包括野生地域、山体、林地、草地、湿地、湖泊和荒地。与城市绿色空间不同，自然要素在边缘区绿色空间内占有的比重较大，构成城市边缘区绿色空间的自然基质。

#### 2. 人文要素

　　在城市边缘区绿色空间内，存在着一定的人文要素，对边缘区的原生态面貌产生了一定程度的影响。这些要素包括生产用地、生态防护绿地、城郊型休闲绿地、公园绿地、附属绿地、城乡道路廊道绿地等。它们紧邻建设用地，与其他基础设施共同为城市边缘区内居民的日常生活提供服务。这些人工要素多以廊道、斑块的形式出现，是城市与自然之间的生态纽带。

　　表2-4依据《城市用地分类与规划建设用地标准》GB 50137—2011和《城市绿地分类标准》CJJ/T 85—2002，对城市边缘区绿色空间的用地进行分类。

城市边缘区绿色空间用地分类 　　　　表2-4

| 大类 | 中类 | 小类 | 大类 | 中类 | 小类 |
|---|---|---|---|---|---|
| 绿地 | 公园绿地 | 城市公园 | 水域 | 湿地沼泽 | |
| | | 社区公园 | | 湖泊 | |
| | | 街旁绿地 | | 水库 | |
| | 生产绿地 | | | 河流 | |
| | 防护绿地 | | | 沟渠 | |
| | 附属绿地 | 居住绿地 | | 其他水域 | |
| | | 公共设施绿地 | 裸露地表 | 荒地 | 沙地 |
| | | 仓储绿地 | | | 碎石 |
| | | 对外交通绿地 | | | 盐碱地 |
| | | 道路绿地 | | | 其他荒地 |
| | | 市政设施绿地 | | 废弃地 | 工业废弃地 |
| | | 特殊绿地 | | | 垃圾填埋地 |
| | 其他绿地 | 生态保护绿地 | | | 淤泥库 |
| | | 风景游憩绿地* | | | 其他废弃地 |
| | | 结构性绿地* | | 其他裸露地表 | |
| | | 其他生态绿地 | 农林用地 | | |

注：*为标准中没有出现的用地名称，其中"风景游憩绿地"是指在城郊及乡村地区保存或辟建，供人们观赏、休闲、游憩、娱乐的各种大型园林绿化场地，包括森林公园、风景名胜区、郊野公园、湿地公园等。"结构性绿地"是指为城乡及重大设施设置的防护和隔离区域，具有卫生、隔离、安全防护的功能，包括城市组团生态廊道、区域生态廊道等。

### 2.3.3 特征

1. 区位及资源优势性

城市边缘区是一个城乡要素逐渐过渡的中间地带，相对于乡村而言，城市边缘区紧邻城市的区位优势，便利的交通条件，以及低廉的土地资源，均为其发展提供了有利条件。

城市边缘区绿色空间拥有丰富的资源，使其具有独特的发展优势。如农田、果园、菜地等农业生产用地，能够为城市提供丰富的物产；郊野公园、森林公园、自然保护区、风景林地等以自然要素为主的绿色空间，具有良好的景观游憩基础，能够为城市及周边居民提供休闲场所。

2. 复合生态性

由于受到城市与乡村的影响，邻近城市的区域内具备了一些城市的基本特征，如城市人口比率较大、建设用地面积大、市政基础设施初步完善等,其生态环境也因此具备了城市生态系统的部分特征。而靠近乡村的区域,农村人口比率高,人口稀疏,人工建设空间少,以自然生态系统为主。与城市相比,这个系统只需得到较少的外界能量便可以维护自身的平衡与运作。综合来看,由于城市边缘区特殊的地理位置,其既有城市生态环境的特征,又有自然生态环境的特征,是一个特殊的城市-自然复合系统。

### 3. 动态变化性

城市边缘区绿色空间会随着边缘区内用地性质的变化而不断变化,呈现出绿色空间逐渐向外转移、面积缩小、自然用地向半自然用地转化、半自然用地向人工用地转化等现象,这种状态会一直伴随着城市的发展,呈现出动态发展的特征。

### 4. 生态脆弱性

土地开发使城市边缘区内的土地利用结构发生剧烈的变化。大量的农业用地转化为城市建设用地,城市景观逐步取代了原有的自然和乡村景观,新建的纵横交错的交通廊道割裂了原来的景观格局,这些使得城市边缘区绿色空间内的生态斑块发生转换,稳定性差,具有一定的生态脆弱性。

### 2.3.4　功能

由于地理位置的特殊性,城市边缘区绿色空间受城市和乡村的双重影响,其内容根据人们的开发与需求逐渐复杂化,除了具备城市绿色空间的基本功能外,还承载了其他更多的功能。这样能够更好地适应边缘区的复杂性,为人们提供多功能的场所。

### 1. 维持城市与城市边缘区内部生态环境平衡的生态功能

城市边缘区绿色空间的首要功能,就是为城市及区域提供生态保障。城市边缘区内分布着大面积的自然资源、防护林地和水体网络,它们共同构成绿色空间系统。该系统能够净化城市产生的废气、废物,抑制环境污染,还能够有效调节城市周边气候,舒缓城市生态压力,是城市外界的生态保护屏障。在城市边缘区内部,该系统能够维护生态平衡,调节小气候,为当地居民提供良好的居住和生活环境。

### 2. 城市无序扩张的抑制功能

城市边缘区是城市扩张的主要对象。城市边缘区绿色空间对于边缘区整体环境塑造与结构非常重要。当城市边缘区绿色空间被合理布局,并达到一定的规模时,其对城市的无序扩张能够起到有效的抑制作用。

### 3．为城市提供农副产品的生产功能

城市边缘区绿色空间内有大量的农田林地、水产养殖地，是城市发展所需物资和能源的供应地和集散地。城市边缘区不仅为城市发展提供了充足的后备土地，同时也为城市居民的生产和生活提供了丰富的新鲜农副产品。

### 4．具有特色观光旅游的休闲功能

相对于城市绿色空间，城市边缘区绿色空间具有更大的自然属性，其丰富优美的自然景色，加上邻近城市的特殊地理区位，能够吸引市民周末前往观光，进行短途旅行，具有观光休闲功能。

除了游赏自然景观，城市边缘区内的民俗旅游、农业观光也是各具特色的休闲项目。目前，城市边缘区处于农业的转化时期，地理优势使得边缘区更易从城市获得智力、技术方面的支持，并有着明显的市场优势，为其农业观光提供了发展前景。在城市边缘区开发农业观光等项目，不仅能够为市民提供科普、教育、游乐、农业示范的场所，还能够起到一定的生产作用。景观结合生产，边缘区的农业观光建设在补给城市物质能源的同时可以打造特色城市边缘区。

### 5．文化的衔接功能

古人崇尚自然，从文人墨客到皇家子弟，都爱在一些风景独特的地方留下足迹。在城市边缘区内就遗留着许多文化地景、文明遗产、古建筑聚落等。这些文化景观承载着历史的积淀，成为岁月的见证。随着城市的发展，边缘区内各种产业结构发生改变，这些文化资源多少会受到影响与破坏。城市边缘区绿色空间将这些文化资源纳入其中，对其进行保护与传承，并在空间内融入不同类型的文化景观，能够起到城市与乡村不同文化的衔接作用。

### 6．城市与自然物能流通的廊道功能

城市与自然是相互依赖的，二者通过一系列的生态流来实现互通，如城市和乡村之间的物质交换流、城市对乡村的污染流、乡村为城市输送新鲜氧气的气体流、动植物在两者之间进行迁徙、物种的传播等，城市边缘区绿色空间能起到一个绝佳的生态流廊道作用，连接城市与自然，促进二者和谐相容，共同发展。

# 第3章

## 城市边缘区空间规划的
## 相关理论回顾

## 3.1　城市边缘区空间规划的相关理论

随着环境保护以及可持续发展思想的传播，人们开始对城市蔓延的发生机理予以分析，并重视城市边缘区空间增长的引导与控制，一系列的城市规划理论涌现出来。

### 3.1.1　早期的"理想城市"与城市空间发展探索

早在19世纪初，西方学术界就通过讨论理想城市空间的形态结构，对城市空间发展模式进行探索。其中也涉及对城市边缘区的结构设想。1826年，杜能（Johann Heinrich von Thünen）的"孤立国"理论中提到的"杜能圈"，构想了从城市中心向外的土地利用方式[1]，已有了城市边缘的雏形。截止到1950年，西方学者们已经从社会改良的角度发展出了一系列理想城市模式，并且开始关注城市与乡村之间的空间关系。

19世纪末，工业化与城市化给英国及其他早期资本主义国家带来环境恶化、瘟疫等一系列环境问题，而这些环境问题的出现同样引起了规划学者的深思。受到当时"人本主义"思潮的影响，众多理想城市发展模型被相继提出，其中，以霍华德（Ebnezer Howard）的田园城市（garden city）理论影响最大。

1898年，霍华德在发表的《明日，一条通向真正改革的和平道路》一文中，首先提出"田园城市"的概念。他不主张城市无节制的蔓延，认为应该通过建设新的城市来解决日益增长的人口和环境问题。在他看来，每个独立的田园城市都应能够为人们提供生活所需的社会诉求和淳朴的乡村自然环境，他把这种模式称为"城市-乡村磁力"（town-country magnet）。在他提出"把城市和乡村结合起来"的口号同时，还希望在城市周围有一个自然的和农业的地带——绿带，即"每5000英亩（2023.4hm²）、人口为3万人的城市里，应该平均规划1000英亩（404.7hm²）的自然和农田保留地"[2]，用于控制城市规模、防止城市蔓延（图3-1）。

从霍氏的"城乡三磁体"（图3-2）的理念中可以发现，这种城乡结合体既有了高效、活跃的城市气息，又兼顾了静雅、恬淡的乡村景色，可以说是对两种生存空间的理想组合。在这一理论支撑下，西方各国掀起了建设田园城市的潮流。

1925年，伯吉斯（E.W.Burgess）基于对杜能的农业活动出现的同心圆圈层现象，提出了同心圆模式。该模式不仅说明了城市内部的结构特征，还涉及城市边缘区的非农用地。他指出，城市的核心是商业集中之地，向外依次是过渡带、工人住宅带、良好住宅带、通勤带（图3-3）。这种圈层式的空间模式揭示了城市由核心向边缘区圈层式向外扩展的演替过程，它反映了城市边缘区动态演变的有序性与阶段性。

1939年，在同心圆的基础上，美国社会学家霍伊特（Homer Hoyt）对美国的64个城市扩张进行了研究，认为城市空间也存在着一种呈放射状扇形扩散的模式。他指出，城市的发展不完全是遵循同心圆的路线，而是沿着交通路线发展，由市中心向外呈放射状的扇形模式（图3-4）。

这一时期的学者们更多关注的是城市内部空间的研究，分析了城市中心区空间和边缘区空间结构自组织的形成和演化，并剖析了相关的城市实例，为城市边缘地域空间的发展演化提供了一种理想方式。

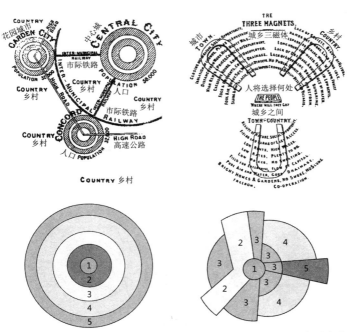

1—CBD；2—过渡带；3—工人住宅带；
4—良好住宅带；5—通勤带

1—CBD；2—批发与轻工业区；3—低收入住宅区；
4—中收入住宅区；5—高收入住宅区

图 3-1　（左上）城市增长的正确原则（埃比尼泽·霍华德，2000）

图 3-2　（右上）霍氏"城乡三磁体"（埃比尼泽·霍华德，2000）

图 3-3　（左下）伯吉斯的同心圆模型

图 3-4　（右下）霍伊特的扇形理论

### 3.1.2　近代城市规划史中的集中派与分散派

随着环境保护以及可持续发展思想的传播，人们开始对城市蔓延的发生机制予以分析，并重视城市边缘区空间增长的引导与控制，一系列的城市规划理论涌现出来。而在整个20世纪所出现的理论中，基本上都是在集中论和分散论这两个方面进行。

勒·柯布西耶（Le Corbusier）是城市集中论的首要代表，他认为解决维多利亚时代城市问题的途径是提高城市密度。在第二次世界大战后的一段时期里，伦敦建筑师协会的教师及学生都采纳了柯布西耶的观点，使得高层建筑成为20世纪60年代的主流[3]。支持这一理论的人还有英国的伊恩·奈恩（Ian Nairn）、简·雅各布斯（Jacobs Jane）、德·沃夫勒（De Wolfe）以及英国城乡规划协会等，他们的思想为之后的可持续性城市模型提供了参考。

"城市分散主义"由赖特（F.L.Wright）于20世纪30年代提出，他主张将城市分散到广阔的农村中去。伊利尔·沙里宁（Eliel Suarinen）将这一想法继承，提出"有机疏散"理论，并在大赫尔辛基规划方案中进行了实践[4]（图3-5）。"有机疏散"理论所追求的目标是"交往的效率与生活的安宁"，它能使人们居住在一个兼具城乡优点的环境中。有机疏散理论在"二战"之后受到倡导者们的积极推崇，并广泛应用在西方国家建设新城、改造旧城的

图3-5　大赫尔辛基规划平面图[4]

项目中，极大地影响了城市向郊区扩散的过程。刘易斯·芒福德（Lewis Mumford）和奥斯本（Fredric Osborn）是这些倡导者中的杰出代表，他们主张实现适中的分散化城市规划，新建小城镇并对城市进行改造。

### 3.1.3　可持续性城市的形式探索

　　面对城市蔓延现象，许多规划师不断思考：何种城市形式与城市空间布局能够提供更大的效率，又能够保留更多的环境资源？何种城市为可持续性城市形式？这其中，生态城市、紧凑城市、精明增长等城市理想模型相继产生，并在许多新城规划中予以实践。

　　1971年，联合国教科文组织在"人与生物圈计划"研究的过程中，提出了生态城市（ecocity）的概念，报告指出"生态城市的规划要从自然生态和社会心理两个方面去创造环境，这种环境能够充分融合自然和人类活动，从而诱发人类的创造性和生产力，为人类提供高水平的物质和生活方式"[5]，概念一经提出，就受到全球的广泛关注。1987年，理查德·瑞杰斯特（Richard Register）所著的《生态城市伯克利：为一个健康的未来城市》，对"生态城市"的基本原理及其在城市中的应用作出了系统的阐述，他认为生态城市应该是三维的，在城市中心地区应该是紧凑的，而在城市外围，应是自然与农业用地[6]；在2006年他的另一本著作《生态城市——重建与自然平衡的城市》中，理查德提出，"在离人口密集区很近的地方应努力保存和再建更大、更连续的自然缓冲带，在城内和周边地区，我们要重建连续的绿色和蓝色生命带，努力恢复水道、海岸线、山脊和野生动物走廊，即一个接一个的动物栖息地"[7]。

　　1971年，德·沃夫勒（De Wolfe）在《城市化》中提出了对高密度的城市形态的构想，而全书的那套思想——"遏制城市扩张及小汽车的发展，促进城市再生，提高城市密度，多中心化城市"[8]，在今天看来仍是规划主流。根据这一构想，所有新建的密集的交通网络及活动中心都设在城郊区域，而这一思想在1973年被丹齐克（Dantzig）和萨蒂（Saaty）在有关紧缩城市的建设方案中提出。随着西方国家政府对未来城市形态发展和土地利用规划原则的重视，紧凑城市理念逐渐获得广泛关注，特别是1990年，在欧共体委员会（CEC）发布的城市环境绿皮书（*Green Paper on the Urban Environment*）中，紧凑城市作为"一种解决居住和环境问题的途径"被提出，这个城市发展理念，在一定程度上遏制了城市扩张[9]。

进入21世纪，一些相关学科的发展与应用，如生态学、地理学、经济学、管理学等，为西方城市边缘区的控制和策略研究提供了更宽广的视野。2000年，"美国精明增长联盟"（Smart Growth America）成立，它是由美国规划协会联合了60家公共团体所组成的。其核心目的是：将城市现存空间充分利用，减少城市盲目扩张；注重对现有社区的改造与重建以及棕地的开发，以节约新建基础设施和公共服务的成本；在城市内建设相对集中、密集的组团，拉近生活区和就业区，减少交通成本[10]。

### 3.1.4　新城市主义运动

新城市主义（New Urbanism）运动开始于20世纪80年代，形成于90年代初，是"二战"以来由建筑师发起的城市设计运动。它试图以设计的力量影响建造环境。作为一种公众运动，新城市主义协会的工作超越了设计领域，延伸至公共政策领域，从转变美国当前的建设趋势开始逐步重整城市的空间和社会秩序。他们认为城市文明被现代主义切断，试图将传统的城市结构与尺度应用到现代城市边缘区的规划设计中。新城市主义重视区域规划，尊重历史和自然，强调规划要与自然环境相和谐。

新城市主义的创始人彼得·卡尔索普（Peter Calthorpe）提出的"公共交通主导发展模式"（TOD）[11]和安德烈斯·杜安伊（Andres Duany）团队提出的"传统邻里发展模式"（TND）[12]是新城市主义规划思想的典型代表。TOD偏重于整个大城市区域层面，而TND偏重城镇内部街坊社区层面。在新城市主义的规划实践中，二者通常是相互配套运作的。针对城市蔓延产生的地方社区瓦解、内城衰退、对自然资源和景观的过度消费等现象，以及功能不全的交通系统、教育质量低下、犯罪、污染、开放空间缺乏、街坊衰退等问题，彼得·卡尔索普提出把边缘城市转为区域城市的规划理念[13]。

新城市主义继现代主义运动后第一次引来众多其他领域的关注，进而成为一项大众性的运动。它的目标超越了空间设计领域，扩大到了与建造环境有关的公共政策，相信设计能够成为强大的社会政治力量，并能够帮助美国人走向更好的生活。从这个意义上看，新城市主义实质上是一项具有现代主义精神的、以谋求进步为己任的社会改造活动。

### 3.1.5　20世纪90年代后我国的研究进程

国内城市边缘区的研究伴随着城市化发展的历程而发展。20世纪90年代，中国城市化速度加快，大城市空间开始出现向四周迅速扩张的趋势，政府部门和学术界也开始从不同视角，对城市边缘区的空间发展模式及规划策略等方面，展开了深入的研究。

1991年，张明提出应以城市的总体规划为依据，确定城市的发展方向，在城市边缘区建立总体框架，其内容包括基础管网设施、道路系统、开敞空间等结构[14]；1995年，顾朝林等人编著的《中国大城市边缘区研究》一书的出版，形成了我国城市边缘区研究的理论框架，成为国内城市边缘区研究的重要理论参考。

2000年后，国内的相关研究在内容上更加的丰富与广泛，大多是从具体的案例研究中总结得出，研究内容包括城市边缘空间结构与形态的探讨，人口和土地利用、社会结构、经济、城乡关系等方面的特征。2003年，邢忠等认为应通过边缘区内不同自然资源的生态价值，来约束土地建设的先后次序，进行分期建设，从而控制城市边缘区的拓展速度[15]；2004年，李和平、李金龙从理念、制度、规划技术手段三个层面，探讨了边缘区发展的政策、制度环境与规划方法，提出了在城市边缘区内进行有秩序的集中和疏散相结合的发展模式、社团参与的区域管治制度，以及与之相对应的更加灵活的规划手段[16]；2005年，由国家自然科学基金项目资助出版的《城市边缘区土地利用：缘起·失灵·改进》一书，对城市边缘区的土地利用进行了系统研究；同年，钱紫华等提出了边缘区的五种空间发展模式特征，即房地产发展模式、大学城发展模式、产业园区发展模式、旅游发展模式、大型活动、大型设施引导模式[17]；2008年，周婕等通过对城市边缘区反蔓延生态控制圈的理论和实践进行溯源，提出了"城市边缘区反蔓延生态控制圈"的构建思路[18]；2010年，熊向宁通过对武汉城市边缘区的研究，提出了多中心平衡的规划机制构建框架及其主要内容[19]。

目前，国内城市边缘区的空间发展及策略研究仍在继续，并已逐步向国外的研究水平靠拢。但是，我国的许多理论研究都依附于国外的理论，并没有形成符合中国国情的完整的理论体系。因此，在未来的研究中，立足于国内现状，探讨符合我国边缘区规划的理论体系将更具有现实意义。

## 3.2　景观生态规划理念在城市边缘区空间规划中的体现

20世纪60年代，受社会批判与环境思潮的影响，生态学及环境科学逐步进入城市规划实践。许多风景园林师开始结合自身专业探讨改善城市环境质量和缓解城市问题的方法，并开始了对现代景观生态学和生态设计方法的探索，把景观生态规划看作是一个改变城市环境现状的有力武器。此外，景观生态规划理念融入景观学、地理学、生态学、土壤学、规划学等多个学科，通过建立多学科合作的方式，来解决环境问题。这使得一方面规划不再以个别的环境因子来进行分析，而将环境视为一个系统；另一方面，除了量化分析外，更延伸至地理空间的分析，如空间模式与土地的分配。在这个理念下所提出的设计理论在城市边缘区空间规划中也有所体现。

### 3.2.1　麦克哈格的设计结合自然

美国风景园林师伊恩·麦克哈格（Ian Lennox McHarg）的著作——《设计结合自然》（*Design with Nature*）在景观生态规划理论中具有很大的影响力。1969年，麦克哈格在《设计结合自然》中创新性地运用生态学原理，从自然、历史、人文三个方面对城市所面临的环境问题进行探讨，描述了如何运用自然过程来引导土地的开发，其中对于城市地区的开放空间结构，他提出要采用生态的方法，"理想地讲，大城市地区最好有两种系统，一种是按照自然演进过程保护的开放空间系统，另一种是城市发展的系统，将两个系统相结合，就能够为居民提供满意的开放空间；生态的方法能把建设导向合适的地方去，用生态方法来将人工与自然相结合，塑造区域的结构和形态"[20]。

《设计结合自然》从研究自然生态系统的特征出发，总结了顺应自然的城市生存发展战略，建立了一套以城市适宜性分析（urban suitability analysis）与环境地图程序为主轴的生态规划方法，将设计、景观及生态学融为一体，成为现代景观生态设计的先驱，广泛影响了几个世代的景观与城市规划。

### 3.2.2　景观生态学的土地嵌合体理论

景观生态学起源于欧洲，并在20世纪80年代早期引入北美，其研究内容为城市发展与自然过程在区域空间范围内形成的实体。1981～1983年间，哈佛大学设计学院景观建筑系的福曼（Forman）教授通过一系列的文章介绍了欧洲景观生态学的概念，并提出了土地嵌合体（land mosaics）概念。在这个概念中，将整个城市和区域看作一个土地嵌合体，由分布在区域内的各种类型的土地构成，并用斑块（patch）、廊道（corridor）、基质（matrix）三种空间元素，来描述在区域及景观尺度里空间模式的过程与变迁[21]。在这个架构下，景观生态学开始与传统的生态科学迥然不同，并不限于研究"纯粹的"自然环境系统如森林、湿地、溪流等，其研究侧重于"生态学的空间化"（spatializing ecology），并隐含着成为"空间的生态学"（spatial ecology）之意，它所关注的重点是受到人为影响与改变下的自然系统的形式、功能运作与空间模式（图3-6）。

福曼在其发表的学术论文中系统地阐述了生态格局的概念和连接模型，提出水平向的研究过程和景观格局优化方法，补充了麦克哈格的纵向的"千层饼分析模式"，完善了现代生态规划的理论，为景观规划、土地利用和资源管理的决策提供了更具可操作性的行动指南。

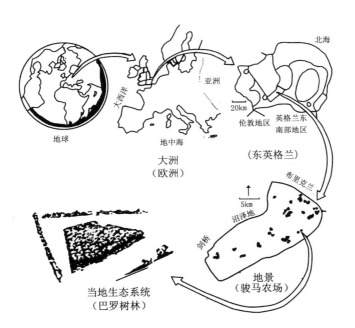

图 3-6 从生态区域到生态地景[21]

### 3.2.3 生态科技与自然环境复育

近十年来，现代遥感技术、计算机技术及数学模型技术的发展，为景观生态学的发展提供了有力的技术支持，通过景观生态学、地理学、信息学、系统学等相关学科的结合，使景观规划设计摆脱了定性界定的不足，不仅成了分析、理解和把握大尺度生态问题的新范式，而且成为真正具有使用意义和广阔发展前景的应用科学。

城市高密度发展造成边缘区自然环境的超限度利用与扰动达到难以恢复的地步，这正是城市发展所面临的最大难题。一些科技派的乐观主义者认为，技术的革新可以极小化城市系统内外的物质与能量流动，从而改变系统的环境承受力。一些生态环保科学技术，包括生态绿化与复育、废弃物回收再利用技术、再生节能技术等，使许多生态思想真正落实。如悉尼2000年奥运会所在的霍姆布什湾，是利用生态技术与自然复育的方法将原已被污染的湿地或水岸恢复成为生态公园的成功案例（图3-7）。

### 3.2.4 景观都市主义的崛起

1997年，查尔斯·瓦尔德海姆（Charles Waldheim）将landscape与urbanism这两个词联系起来，提出景观都市主义（Landscape Urbanism），用来描述一系列较新的都市规划和设计领域的理论研究与实践作品，其很快就发展为当代学术界的一个引人注目的主题。在这之后，以詹姆斯·科纳（James Corner）为代表的景观都市主义理论与实践者在城市的演进中"尝试引入并确立景观环境的重要地位，期望能够突破传统规划的局限，将自然演进和城市发展整合为一种可持续的人工生态系统，通过景观基础设施的建设和完善，将基础设施的功能与城市的社会文化需要结合起来，使当今城市得以建造和延展"，景观都市主义强调景观是所有自然过程和人文过程的载体，也是绿色基础设施（green infrastructure）概念的理论先锋。

景观都市主义将目光落在城市发展与自然环境的交界带，关注与深思城市发展与自然发生冲突的复杂条件，在当代环境空间里交织了基础设施、自然景观与城市建筑的混杂景观。以景观为核心概念作为组织城市空间的基本单元，来取代传统城市设计的操作受限于个体建筑与街道系统的基本框架。在此，景观是一种工具、媒介或视角，用以缓解城市基础设施与建筑把城市分割为许多功能区块的现状。一些代表作品也应用在城市边缘区的规划中，如斯坦·艾伦（Stan Allen）的提案的韩国光桥（Gwanggyo）水岸公园城市设计（图3-8），通过重新设计两个现存的城市边缘区水库，恢复了水库的生态，构筑了新的城市与自然的连接。

### 3.2.5　景观生态规划理念在我国城市边缘区空间规划中的应用

景观生态规划以解决环境问题为出发点，受到了人们的广泛认可。其对我国城市边缘区空间规划的实践也有一定的影响。学者们在解决我国城市边缘区环境问题的实践中，对其进行了应用，提出相应的解决方法。

1999年，中国著名城市规划专家吴良镛教授在道萨迪亚斯（C. A. Doxiadis）的"人类聚居学"的基础上，提出了人居科学理论，建立起了一个由多学科组成的开放的学科体系。该体系的主导专业是建筑、风景园林和城市规划，同时融入了经济、社会、地理、环境等外围学科。该理论提出了人居环境规划设计的时空观，即"汇时间—空间—人间为一体"，用于分析现实与预测未来，使人居环境在生态、生活、文化、美学等方面，都能够拥有良好的质量和秩序[23]。

2003年，薛军针对西安市城市边缘区的空间形态及其规划问题开展调研，基于城乡一体的整体观、可持续发展的自然生态观和结合自然的设计观，对结合自然的城市边缘区规划理论体系中设计对策的完善进行了探讨，提出了西安市城市边缘区结合自然的空间形态模式[24]；同年，任国柱等通过对北京市房山区平原地区的景观进行研究，运用景观生态学中的"廊道效应"理论，针对北京城市边缘区景观格局优化提出了一些观点[25]；2007年，蔡琴提出了可持续发展的城市边缘区环境景观的三种理想模式，即

图3-7 （左）霍姆布什湾景观

图3-8 （右）斯坦·艾伦的提案光桥水岸公

"大绿色"、"多核有机集中"和"有序生长"[26]；同年，王菁分析了城市边缘区、城市边缘区景观与城市边缘区农田景观三者之间辩证关系，对城市边缘区农田的景观格局及其构成要素进行设计，使城市边缘区农田景观格局逐步形成有机的整体，为城市边缘区农田的景观设计开拓思路[27]；2010年，许晓青探讨了在景观都市主义理论原则的指导下，通过景观作为基础设施的方法去实现工业园区的建设，同时也借助于工业园区的建设作为生态环境保护的推动力[28]。这些研究与实践对加强我国城市边缘区绿色空间的景观生态规划设计提供了一定的理论参考。

# 第4章

## 国内外典型城市边缘区
## 绿色空间的发展

城市边缘区绿色空间位于城乡之间，在边缘区内形成城乡景观相互齿合的景观综合体，其在景观生态学上的意义更多地体现为基质或底景。城市的城市化程度以及规划管理制度对城市边缘区绿色空间的形成与发展有重要的影响。欧洲国家较早就开始对城市边缘区绿色空间进行了保护，严格按照规划执行，目前已经形成了一套较为完整的适合自身城市发展的理论体系，并具有丰富的实践经验。目前，我国正处于城市快速发展阶段，国内许多城市正在进行着边缘区建设，而针对城市边缘区绿色空间的规划与保护仍处在初级阶段。这需要我们去挖掘城市边缘区绿色空间的理想格局，分析我国城市边缘区现状问题的形成机制，进而进行有针对性的规划和设计。

## 4.1 英国伦敦的城市化进程与城市边缘区绿色空间发展

英国的城市化始于18世纪中期，它是从城市中心向外的有序发展，整个过程是自上而下的、有规划的扩展。其在城市规划方面对二战后破坏区进行修复和重建，并严格控制大城市向农村地域扩展。在二战后新城规划中，新城与旧城之间通过设置环城绿带进行隔离，并在新城提供大量的高质量出租住房，将旧城人口转移。这样减轻了城市的拥挤，在改善旧城破败的同时，保护了城市边缘绿色空间。政府在这个过程中，起了主要的作用。

### 4.1.1 伦敦城市化进程

伦敦是英国的首都，始建于公元50年，具有两千年的悠久历史。伦敦城位于英格兰南部，横跨泰晤士河，东起伦敦塔，西至圣保罗大教堂，南北则在泰晤士河与古城墙之间，仍保持着自中世纪起就划分的界线。伦敦市是围绕伦敦城逐渐发展起来的，并在工业革命后规模迅速扩大。到20世纪初，伦敦市内形成了面积达303km²的城市建成区，距市中心8km，由12个自治市组成，人口达200多万，具有行政、金融、贸易和文化等职能，被称为"内伦敦"。1914年以后，随着公共交通向外蔓延，伦敦范围不断扩大，到1939年，在内伦敦之外新形成了20个市区，被称为"外伦敦"，整个大伦敦区的城市建设用地面积为1580km²，人口达850万（图4-1）。

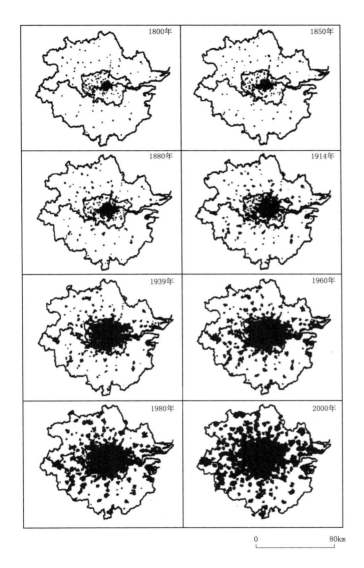

0        80km

**图 4-1 伦敦城市扩张** [1]

### 4.1.2 城市边缘区绿色空间发展

在伦敦城市化进程中，并不是所有乡村都演变为城市。围绕着伦敦都市圈，依然保留着一些自然区域，如森林、河流、公用草地、常绿灌木林和农场。这些相对较自然的地方，是伦敦大部分野生动植物栖息的重要场所，形成环绕伦敦大都市圈边缘区的绿带。绿带约占伦敦总土地面积的22%，其中83%属于公共使用，绝大部分用于农业，约4700英亩（1902hm²）是郊野森林，并与周边绿地共同构成伦敦大都市边缘区的绿色空间。绿带为城市边缘区的居民提供了休闲空间，保护和促进了景观和生物多样性，有助于保留农田和阻止城市的无限蔓延。伦敦也因此成为环城绿带建设的最成功的典范。这样的结果离不开政府的决策以及几次具有重要意义的伦敦规划。

1. 早期的绿带构想

1580年，为了阻止瘟疫和传染病的蔓延，国王伊丽莎白在发表的"伦敦公告"中提出，在伦敦周边划分隔离区来阻止人们在隔离区内建房。1826年，在约翰·克劳德斯·鲁顿（John Claudius London）编制的伦敦规划中，提出要在城市边缘区进行农田和森林保护的设想。1890年，劳德·密斯（Lord Meath）首次提出在伦敦郡的边缘区设置环状绿带，并通过林荫道将郊区公园和城市开放空间连接[1]。此后，绿带方案被多次开会探讨，包括其规模、内容及有效的实施方案。1938年，伦敦颁布了《绿带法》，规定在伦敦市区周围保留宽13～24km，面积为2000km²的绿带[2]。然而，由于资金问题，绿带的实施有一定的困难，进展缓慢。

2. 大伦敦规划

1942～1944年，阿伯克隆比（Patrick Abercrombie）主持并制订了大伦敦地区的规划方案，方案汲取了霍华德等人的思想，将城市周边用地纳入城市规划的考虑范畴内，在距离伦敦市中心半径约48km的范围内，将城市由内而外地划分为内城圈、近郊圈、绿带圈及外层农业圈四层地域圈[3]。其中绿带环的内容主要为农田和游憩地带，能够为城市居民供应新鲜的副食及提供休闲娱乐的户外场所，并严格控制绿带内的各类建设，从而控制城市的过度扩张（图4-2）。

1947年，政府颁布了《城乡规划法》，该法律规定几乎所有的土地开发活动都必须在获得政府颁发的规划许可证的基础上实施，为了避免绿带受到破坏，规划部门有权力来控制绿带中的各类建设。同时该法律规定了在地方发展的规划中应包括绿带规划的内容，为绿带的实施奠定了法律基础，鉴于此，伦敦绿带才真正有条件实施。

3. 伦敦的城市及边缘区绿色空间网络构建

1976年后，政府进一步加强伦敦的绿化措施，在城市内部及边缘区内建设各种类型的绿色通道，其又被称为"绿链"。"绿链"

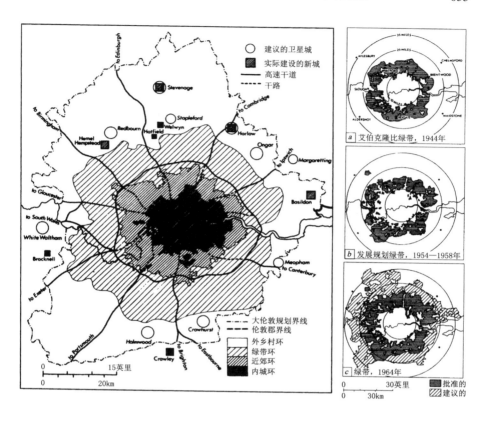

图 4-2　大伦敦区规划
及伦敦绿带[1]

连接城市绿色空间，提升了城市绿色空间的休闲娱乐价值。政府
还规定在伦敦的33个区中，相邻的2~3个区要共同负责一个规模
较大的区级生态公园的建设，为动植物提供良好的栖息空间和科
普教育基地。1991年，大伦敦议会及非政府组织联合提出了构建
绿色空间网络系统，包括步行、自行车及生态通道，绿色空间网
络连接了伦敦各地方中心城与城市边缘区，此外还包含改善开放
空间，构建生物多样性和栖息地，发展伦敦农业和公墓几方面内
容。最终在大伦敦区形成了有2/3的土地为绿色空间的局面。都市
开放地（metropolitan open land）、绿带（green belt）和绿色廊
道（green corridors）共同构成了大伦敦绿色空间网络系统的基
本结构（图4-3）。

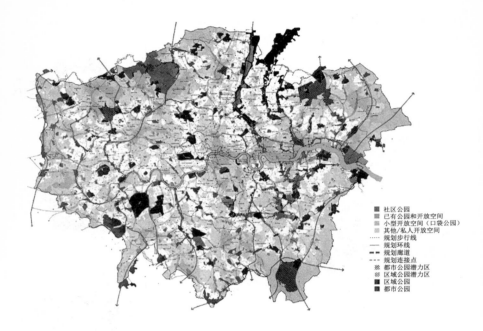

社区公园
已有公园和开放空间
小型开放空间（口袋公园）
其他/私人开放空间
规划步行线
规划环线
规划廊道
规划连接点
都市公园潜力区
区域公园潜力区
区域公园
都市公园

图 4-3 伦敦东西绿地布局[5]

## 4.2　美国城市化进程与波特兰城市边缘区绿色空间保护

### 4.2.1　美国的城市化进程

美国是全世界最大的发达国家，也是高度城市化的国家。在经历了工业革命以后，美国城市化水平从1840年开始超过10%，1960年达到70%，2010年达到80%左右，其城市化率每年都在提高，呈S形曲线上升[6]。美国的高度城市化进而形成了美国的郊区化，其郊区发展成为美国城市边缘区的主要形式，具有很强的代表性。19世纪后期，美国开始出现郊区化，并在20世纪初形成快速发展的趋势，"二战"以后进入大规模扩展阶段，到20世纪后半叶，美国郊区人口的持续增加，从根本上改变了大都市区的人口布局，并全面地改变了郊区同中心城市的关系。

著名学者哈里根（Harrigan）和福格尔（Vogel）总结出导致美国郊区化快速进展的主要原因有：（1）美国人在文化心理上偏爱位于开阔地带的单户住宅；（2）美国人在理智上对城市的厌恶；（3）在城市之外有廉价的土地；（4）新建设的公路和汽车的普及；（5）长期的低息贷款，此外种族因素对郊区的蔓延也起到了一定的作用[7]。居住在郊区宽敞的新住房，享受着联邦住房管理局（FHA）对贷款的担保，在政府建造的高速公路上开着私家车，在城市与郊区之间通勤上班，成为二战后美国中产阶级生活方式的新时尚。

20世纪80年代以后，美国郊区开始了新一轮的发展，郊区的开发力度加大，一些高新技术的发展吸引了更多的资本和技术的入驻，使其内部基础设施不断增加和完善，更加独立，许多郊区成为具有复合城市功能的"边缘城市"[8]。由于郊区吸引了中高阶级的人士居住，造成都市区与郊区财富收入不平衡的转化，城市中心不断衰败，郊区的土地利用格局在这时基本成型。

然而，郊区的兴起使得居住在郊区的居民日常通勤距离加大，交通方面的开销以及在边缘地带兴建新的基础设施耗费了大量财力，连同中心城市的现有基础设施的维护让市民们承担了双份纳税压力。2000年后，由于两次受到经济衰退的重创，美国失业率增加，郊区的廉价支出，带来了贫困劳动力的移进，加之一些中产阶级的破产，居住在美国城市边缘区内的贫困人口数量飙升到53%，而郊区的发展速度也慢慢降低，城市与郊区环境质量的整体水平下降。现在，美国城市发展的主题转向中心区的再城市化，将传统的中心城市与位于郊区的边缘城市共同构成多中心的大都市圈，进行区域发展。

### 4.2.2　城市无序扩张对边缘区绿色空间的影响

美国地广人稀，比较容易获得土地和空间，这使得美国的郊区化呈现低密度和分散化的特征。据调查，美国大部分的郊区所开发的用地为农田和未开垦的土地，这些用地主要用于居住和商业，多为联排式的花园洋房，其余部分被开发为牧场、森林、公园或者不同类别的生活娱乐用地，散布于郊区内，形成新的边缘社区。莱维敦是20世纪40年代末在长岛平原地带上兴起的社区，曾是美国郊区化的理想模式。

随着莱维敦社区模式受到众多城市居民的青睐，越来越多的城市在城市边缘区开发利用的过程中，相继引入了类似的开发模式，规划师们也通过缩小边缘区内绿地面积的手段，来实现住宅的均匀分块布置，这使得美国许多城市被郊区住宅社区带所包围。而由众多狭长花园、草坪和所剩无几的农田构成的边缘区绿色空间，被夹在新开发的住宅之间，成为仅有的社区公园与休闲活动场地，用于满足居民的基本生活需求。20世纪后半期，城市边缘区郊区化又进一步使多数美国城市边缘区绿色空间丧失，美国变成了"一个没有固定位置的小块土地的集合体"[9]。

城市扩张导致城市边缘区绿色空间被侵占，其中主要是农田和荒地。表4-1反映了在城市化进程中，美国主要城市的城市扩张率以及城市人口的增量。表4-2反映了美国重要的农业州在1960～2000年农田损失的速度。这些统计数据让一些环保人士以及生态学家们开始批评城市的快速发展，认为它破坏了城市边缘地区的可持续发展。

美国主要城市地域扩张与人口增加[10]　　　　　　表4-1

| 地区 | 时间 | 地域扩张（%） | 人口增加（%） |
|---|---|---|---|
| 芝加哥 | 1970～1990年 | 46/47* | 4 |
| 克里夫兰 | 1970～1990年 | 33 | -11 |
| 堪萨斯城 | 1970～1990年 | 110 | 29 |
| 洛杉矶 | 1970～1990年 | 200 | 45 |
| 纽约 | 1960～1985年 | 65 | 8 |
| 费城 | 1970～1990年 | 32 | 2.8 |
| 圣安东尼奥 | 1950年代中期～1990年 | 600 | 100 |

注：*其中住宅用地增加了46%，商业用地增加了47%。

1960～2000年间美国农田的损失率（%）[11]　　　　表4-2

| 州 | 1960年代 | 1970年代 | 1980年代 | 1990年代 |
|---|---|---|---|---|
| 加利福尼亚 | 5.7 | 7.7 | 8.9 | 3.7 |
| 科罗拉多 | 1.5 | 9.3 | 8.1 | 2.6 |
| 佛罗里达 | 14.9 | 9.5 | 18.7 | 7.9 |
| 佐治亚 | 20.9 | 13.8 | 16.7 | 8.0 |
| 印第安纳 | 9.8 | 4.0 | 3.0 | 3.5 |
| 马里兰 | 17.9 | 10.7 | 18.2 | 9.5 |
| 明尼苏达 | 4.6 | 1.9 | 1.0 | 1.0 |
| 新泽西 | 27.4 | 3.8 | 14.7 | 6.6 |
| 北卡罗来纳 | 14.6 | 23.0 | 17.1 | 10.3 |
| 俄亥俄 | 8.3 | 8.0 | 3.7 | 4.6 |
| 宾夕法尼亚 | 17.1 | 11.8 | 10.0 | 7.1 |
| 全国平均值 | 6.2 | 5.8 | 5.0 | 2.7 |

在20世纪50～60年代以后，随着政府环境保护意识的不断增强，美国联邦、州和地方政府出台了一系列耕地和旷野保护法，一些环保组织还多次进行相关的法律诉讼，这些实际行动对于保护美国的耕地和旷野，发挥了一定的作用。此外，美国土地学会、规划协会也在各大城市规划中提出相应的规划政策，保护城市边缘区的资源及绿色空间，如规划区域的公园系统与绿色道路体系；在住区开发时，提高居住密度，提倡多种住宅类型的混合开发，建设经济、有效的可持续性绿色社区；增进土地和基础设施的使用效率；创建不同的交通模式；保护农田，释放更多的绿色空间等[12]。这些政策在波特兰、纽约、亚特兰大、马里兰、明尼阿波利斯及圣保罗等美国区域规划中都有所体现，能够有效地避免盲目的城市边缘区用地开发，保证美国的边缘区绿色空间的合理比例，也为世界其他国家的城市及边缘区开发提供了参考和借鉴。

### 4.2.3　波特兰的城市边缘区绿色空间保护

波特兰以"杰出规划之都"而闻名，其区域规划、管理以及规划政策具有良好的典范作用。它位于美国西海岸北部的俄勒冈州，包括中心县莫尔特诺玛（Multnomah County）以及哥伦比亚（Columbia County）、克拉克默斯（Clackamas County）等6个县，人口约210万（2006年统计数据）[13]。波特兰市中心区建筑密集，以多层住宅居多，街道尺度宜于步行，有利于产生更多的商业界面和活力。在这样良好的尺度下，加之便利的公共运输系统以及多样化的功能，使波特兰市中心区成了区域内最具活力和吸引力的一个中心。紧凑的城市结构降低了波特兰中心城的横向发展，减少了城市对城市边缘地区的侵蚀，城市边缘区绿色空间也保护良好。2005年，波特兰被评为全美十大宜居城市之一；2007年，波特兰的环境保护意识、公园和公共空间、步行友好性以及公共交通的便利性等方面，在《旅游与休闲》（*Travel and Leisure*）排名中位居首位。这样的结果与波特兰长久以来的区域与城市规划是分不开的。

### 1. 早期相关法律及政策的制定

20世纪初，波特兰经历了一个快速发展的过程，城市人口快速增加，城区边界不断扩大。政府意识到无限制的发展会对周边自然环境和农田产生侵蚀性破坏，在1973年，俄勒冈州通过了包括《波特兰市城市扩展边界》（*Urban Growth Boundary*，简称UGB）在内的一系列土地利用规划法，其制定是以保护边缘区的农田为目标来确定城市扩展边界。UGB于1979年正式实施，并严格执行，使得波特兰的城市土地面积在30年内仅仅扩大了9300hm²[14]，涨幅为30%，而人口的涨幅为45%，UGB有效控制了波特兰的城市扩张。图4-4为波特兰城市土地的批准扩展区域，图4-5反映了在此规定下，城市扩展所形成的结果。从这两张图中可以很明显地看出，城市边界扩大得很少，这足以说明城市行政管理的执行力。

2. 区域及城市规划

除了早期的法律及政策的约束，波特兰大都市区也进行了一系列的区域及城市规划，用来调控和促进城市的良性发展，进而保护城市边缘区绿色空间。其涵盖范围广泛，包括整体的区域范围到具体的单项规划，并且相互关联与补充。

这包含了在1992年，波特兰区域政府（Metro）采纳的《都市区绿色空间总体规划》（*Metropolitan Greenspaces Master Plan*）。它勾勒出一个区域公园和绿色空间相互交融的系统，满足人们居住和休闲的需要。规划识别出重要的场所和区域步行系统中的关键区段，对具有区域重要意义的自然资源进行清查和分类，采用征购必要开放空间的方法来守护绿色边界。此外，规划明确了公众、地方政府、非营利组织和商业利益团体在规划实施中的角色。通过公债筹集，波特兰区域政府筹集了13560万美元的资金，用来购买规划中的关键地产。到2001年，波特兰区域政府成功获

**图4-4** 波特兰城市土地批准扩展区域[15]

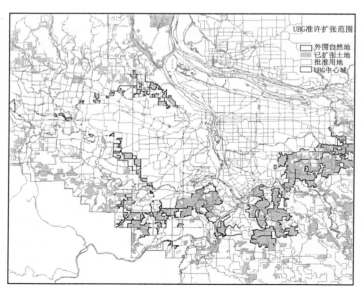

得了7915英亩（3203.1hm²）的地产，这些场地和廊道被永久性地保护起来，成为区域绿色空间系统的重要组成部分。2006年，第二轮的公债举措通过，波特兰区域政府筹集了22700万美元用于绿色空间的继续优化[16]。

1995年，波特兰区域政府制定了《区域2040》，对波特兰区域进行控制性规划，目的是在整个区域内形成一个协调一致的发展模式。规划的主要内容有：为减少城市大面积的建设对土地的侵占，鼓励在交通运输线附近进行集中式开发，提高轨道交通系统和常规公交系统的服务能力；确认在城市边界以外的乡村保护区范围；划定城市发展边界内的永久绿色空间的目标、范围与内容，投入1.35亿美元用于保护137.6hm²的绿化带；维护现存的社区，增加现有中心的居住密度，减少每户住宅的占地面积；明确与城市周边的其他城市进行合作，处理好共同问题；综合考虑土地使用、交通、绿地以及其他对大都市区具有重大意义的问题。此外，将城市用地需求集中在现有中心（商业中心和轨道交通中转集中处）和公交线路周围。

除了《区域2040》，波特兰政府还提出包括《区域及结构规划》、《区域土地新系统》、《波特兰城市规划》以及《中心城规划》、《绿道规划》、《生态走廊规划》、《文娱走廊规划》、《水域规

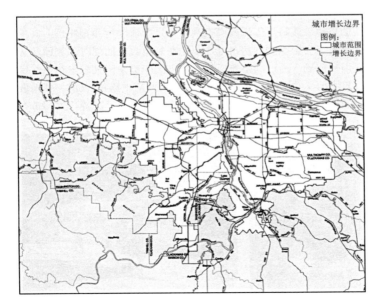

图 4-5　波特兰土地扩展结果[15]

划》等专项规划，它们将波特兰城市边缘区的栖息地进行连接，同时延伸至城市内部，与城市绿地系统相连；规划和设计邻里绿道，为居民创造良好的出行环境，并鼓励市民步行和自行车出行；合理开发边缘区的旅游资源，规划了文娱走廊延伸至城市边缘区内部，并使用环保节能型的公共交通工具减少私家车量对道路的使用以及尾气排放；进行垃圾分类回收与处理等。这些规划的制定集中在1991～1997年间，并在实施过程中不断修订和完善。它们对波特兰区域和城市结构以及绿色空间的塑造，起到了良好的促进作用，形成了城市与自然健康连接的绿色空间网络（图4-6～图4-8）

　　2000年后，波特兰区域政府的主要职责转变为负责波特兰大都市区的区域土地利用、成长管理和交通规划，此外，还负责区域固体废弃物处理系统及区域会议和演出场所的管理、区域绿色空间系统的管理和进一步开发以及区域土地信息系统（Regional Land Information System，RLIS）的实时维护。

　　3. 政府的严格执行与公众参与

　　波特兰区域政府是在波特兰大都市区成立的美国唯一的掌管土地利用和交通规划的政府，也是美国历史上第一个直接由选举产生并有自治章程的区域性政府，其主要职责是对区域土地使用规划、自然资源规划、交通规划、公园、道路、绿色地带养护、废物回收利用等项目进行监督和执行。波特兰区域政府于1979年1月1日正式运行，其在区域性问题的协调和合作等方面都起到了重要的作用。波特兰区域政府也具有一定的前瞻性和预测性，其预计到政策会影响到住房市场，于是在制定政策的同时，兼顾经济适用房问题，通过制定专门的大都市区住房条例来规定新建住房项目中的住宅比例[17]。通过波特兰区域政府严格执行UBG，使得俄勒冈州的土地使用规划成为现实，有效地遏制了波特兰大都市人

图4-6 （左）边缘区绿色空间——栖息地 [15]

图4-7 （右）公共运输系统 [15]

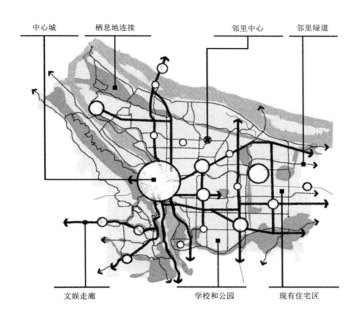

中心城　　栖息地连接　　　　　邻里中心　　邻里绿道

文娱走廊　　　　　　学校和公园　　　　现有住宅区

图 4-8　健康连接的城市网络[15]

口的低密度蔓延。

在政策执行的同时，波特兰政府也积极地鼓励公众参与，公众参与也使得波特兰区域政府的《2040年区域发展纲要计划书》等规划的制定和实施成为可能。政府官员、环保主义者、住房建筑商、商业利益团体和与社区居民组成的委员会，被任命来参与和指导波特兰城市相关的计划制定过程。政府广泛听取各方意见，协同各方共同起草关于城市及区域空间的开发方案，形成了一种全民参与城市及边缘区可持续发展的合力。这些都为全美城市边缘区绿色空间保护树立了典范。

## 4.3　日本东京的城市化进程与边缘区绿色空间发展

### 4.3.1　东京城市化进程

东京位于日本本州岛东部，为日本的首都，亚洲第一大城市和世界第二大城市，所含扩张相连的城区是目前全球规模最大的都市圈，同时也是日本文化、教育、时尚与交通等领域的枢纽中心。

东京由渔镇发展而来，1457年，一位名叫太田道灌的武将在这里构筑了江户城，1603年，日本在此建立了中央集权的德川幕府，吸引了来自各地的人士定居，于是江户城迅速发展成为全国的政治中心，到19世纪初，江户城的人口已达120万，直至1868年，日本首都由京都迁至此地，才改称东京。"二战"后，东京曾一度成为废墟，其大规模的战后城市建设，使得东京的人口急剧集中，地域范围也不断扩大，冲破了原有的东京市界线。1943年，日本政府颁布法令，将东京市改为东京都，扩大了它的管辖范围，东京市连同周边县共同组成了连续的东京大都市圈。

由于都市圈过大，以单级中心为结构的城市运行会出现一系列的问题，于是，东京大都市圈在构建时提出了建立区域多中心城市复合体的设想，将城市的诸多功能分开放置到区域中去，将"一极集中"转变为"多心多核"，从而形成一种"多心多核"的城市圈结构。在1998年，这个想法付诸实践，东京出台了"展都"和首都功能迁移的方案，将城市中心的诸多功能分散到包括神奈川、千叶、埼玉和茨城等在内的7个县，形成现在的城市圈。现在，东京大都市圈由23个特别行政区和26个市、5个町、8个村所组成，人口约为3530万人（截至2009年10月1日），面积约为2188hm$^2$[18]（图4-9）。

图4-9　日本东京圈结构[17]

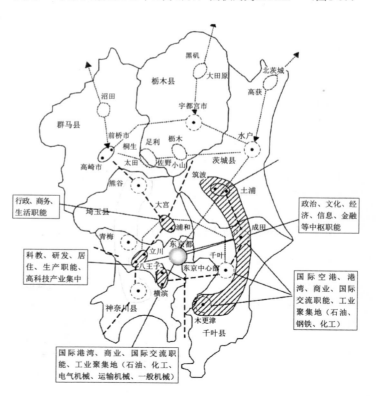

### 4.3.2　城市边缘区绿色空间发展

#### 1．第一次环城绿带规划

东京对城市边缘区绿色空间先后做了两次大型的规划，第一次始于20世纪30年代。1932年，东京府成立，将东京市和周边的农村进行合并，使市域面积扩大到550km$^2$。东京绿地规划协议会于同年10月提出在东京市域外围建设环城绿带的构想，用来防止城市规模的无限制扩大。规划绿带宽1～2km，长度72km，面积13623hm$^2$，并以楔状的绿地深入市区。绿带的主要组成部分有山林、原野、低湿地、丘陵、滨水区等自然要素，还包括了耕地、村落、公园、运动场、游园、农林试验场等人工要素。同时方案规划在以东京车站为圆心，半径为20km的环状范围内设置了六块绿地。

1945年底，《战灾复兴计划基本方针》中出台了有关东京卫星城的规划方案，即将距离东京市中心50km的圈域内的横须贺、厚木、八王子、立川、千叶地区建设成卫星城。1946年9月，政府又出台了《特别都市计划法》，将城市划分为城市化区域、绿地区域和保留区域三大类，要求绿地区域沿城市建成区外围呈环状和放射状布置，并保证要有0.5km以上的宽度，而那些用于防止城市无限扩张的绿带宽度要求达到1km以上。

随着东京市扩展为东京都市圈，绿带工程被迫不断修改，绿带后退。1958年，在东京外围规划的绿带区与经济发展相冲突，绿带的建设遭到各个利益集团的反对，使得东京的发展不断突破规划的控制红线，致使绿带被城市建设蚕食。1965年，东京政府被迫放弃绿带计划，最终形成的绿带面积只有757.6hm$^2$，零散地分布在九处地点，1968年绿带只剩下90km$^2$[4]。

#### 2．第二次边缘区绿地整合规划

到了20世纪80年代，东京政府第二次提出在城市边缘区建设绿化带的构想，将东京绿化隔离设置在距市中心50～60km的地方，并结合1974年所颁布的《自然保护和复原条例》，在东京内划分了九个保护区，即原生自然保护区、自然环境保护区、植林保护区、丘陵地保护区、多摩河保护区、田园城市保护区、城市绿化区、海滨保护区和岛屿自然保护区，共同构成了东京城市边缘区的绿色空间系统。

第二次边缘区绿地整合规划把握住了城市由"单轴/单极"模式转型为"多心多核"结构的时机，将绿带的建设与城市规划相结合，建设边缘区绿色空间，极大地促进了城市与自然的融合，并有助于控制城市的圈层蔓延。

## 4.4　我国北京城市化进程与城市边缘区绿色空间发展

### 4.4.1　北京城市化进程

北京位于我国华北平原北端，东南与天津相连，其余方向被河北省所环绕，是我国的首都，国家的政治、文化和国际交流中心。新中国建立初期，北京城市面积只有84km²左右，改革开放后，城市迅速发展，至1983年已扩大到271km²，增加了3.4倍；到2005年，北京四环以内面积已达302km²，五环以内面积已达670km²；2010年，国务院正式批复了北京市政府关于调整首都功能核心区行政区划的请示，设置新的东城区与西城区，形成了14区、2县的格局，规划中北京市城区的范围从二环内的传统老城区扩大到五环路以内，其中东城区、西城区、朝阳区、海淀区、丰台区和石景山区被认为是城内地区，形成了"城六区"[19]（图4-10）。在北京的城市发展进程中，城区按照沿着环路向外扩展的方式进行，即由二环向三环、四环和五环的环状形式逐层向外，其总体的形态向西、北和东面基本保持了圆形偏移，是典型的"摊大饼"型城市，并因此产生了一系列生态环境问题。

### 4.4.2　北京城市边缘区绿色空间发展

为了控制城市蔓延，1982年，《北京城市建设总体规划方案》提出了坚持"分散集团式"的布局原则，重新调整市区的结构布局，形成以旧城为核心的中心地区和相对独立的十个边缘集团，并在其间设置2km左右宽度的绿色空间地带进行隔离，并出台了促进卫星城建设的相关政策。

图4-10 北京城市扩张（1994～2004年）[19]

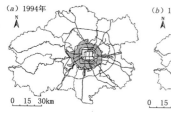
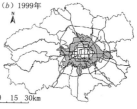
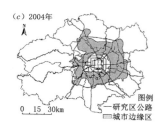

　　1993年，北京出台《城市总体规划（1993～2010年）》，之后市政府发布了"7号文件"，开始加快城市边缘区绿化隔离带的建设。规划总面积约为240km²，其中绿地面积约为125km²，占整个隔离地区总面积的51.8%，该绿化隔离地区涉及海淀、朝阳、石景山、丰台、昌平、大兴6个区的26个乡镇和4个农场，用地范围主要在四环路至五环路之间，局部向内延伸至三环路，呈不规则环状，成为现在北京市区内的重要绿地组成部分（图4-11）。

　　2002年底，按照北京1993年的城市总体规划，北京规划了第二道绿化隔离地区，作为控制北京市区向外围蔓延的生态屏障，同时有效连接了市区内的绿地系统与城市外围的绿色空间，其规划范围是五环路至六环路，涉及朝阳、海淀、丰台、石景山、通州、大兴、房山、门头沟、昌平、顺义十个区，其中包括通州、亦庄、黄村、良乡、长辛店、沙河六个卫星城及空港城，并与第一道绿化隔离地区规划衔接，总用地面积约1650km²（图4-12）。

　　2007年，北京市城市规划设计院在《北京城市总体规划（2004～2020年）》的基础上，编制了《北京市绿地系统规划》专项规划，从空间上对全市域范围的绿色空间进行了统筹安排。规划大力推进第二道绿化隔离地区建设，在规划范围内增加绿化面积163km²，使该范围林木覆盖率达到35%以上，同时规划了十条楔形绿地，作为第一道与第二道绿化隔离地区的纽带，并希望在2020年全面实现绿地系统规划，力争达到"生态园林城市"的规

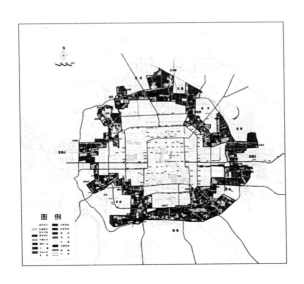

图 4-11　北京市绿化隔离地区规划图[20]

划目标[20]（图4-13）。

　　从北京市城区范围的变化，以及与其在空间上相对应的两道绿化隔离带的规划，能够发现，城市边缘区绿色空间对北京城市总体规划所要求的"分散集团式"格局的形成有一定的促进作用，对北京城区的生态环境质量起着重要的作用。

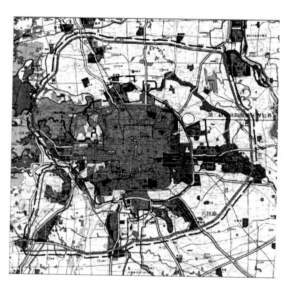

图4-12 北京市第二道
绿化隔离地区规划[20]

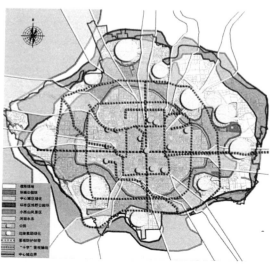

图4-13 北京市市域
绿地系统规划[20]

# 第5章

## 城市边缘区绿色空间
## 理想格局

城市边缘区绿色空间结构与城市的发展模式有着密切的关系。只有认清目前所存在的问题，才能够提出解决问题的对策。本章从土地利用、绿色空间格局、绿色空间塑造以及管理维护四个方面，对目前我国城市边缘区绿色空间发展面临的问题进行总结，分析其促成原因，为之后的城市边缘区绿色空间构建提供参考。

## 5.1　城市边缘区绿色空间理想格局

城市边缘区是城乡作用最频繁和土地利用形态最复杂、属性变化最快而又常常疏于管理的地带。城市边缘区绿色空间因其所处的自然地理、水文条件，所含资源情况的不同，在城市边缘区内形成不同的空间格局。而对其空间格局影响最重要的一个方面，就是城市的发展模式。因此，结合城市的不同发展模式，提出城市边缘区绿色空间的三种理想格局，并将其作为我国不同城市发展模式下的城市边缘区绿色空间格局构建目标。

### 5.1.1　"向外扩张型"发展模式与"绿环/绿楔"格局

1. "向外扩张型"发展模式

即城市不断向外扩张，连片式发展，将上一时期的乡村腹地转化为本时期的城市边缘区的地域。根据城市边缘区与城市的关系，有以下两种类型。

（1）同心圆圈层模式

城市向外扩张是一个动态的过程，这个过程突出的表现是以一些大型公共建筑起先行作用，随后住宅相继建成，最终连成一片。对于外围没有限制性因素的城市，则以城市为核心向外扩张，形成"摊大饼"形式。从时间来看，就像年轮一样出现同心圆圈层。这种模式的后果就是城市边缘区不断向外扩展，逐步侵蚀边缘区的用地空间，而城市中心更加远离乡村，城市边缘区也逐步外扩。

（2）轴向发展模式

对于城市周边某一或某些方向有限制因素，使得城市沿某一轴向延伸，如沿公路或河流两侧填充连片发展。轴向发展模式引起城市边缘区以指状的形式在城市两边分布，随城市的发展而向外扩展，并被限制因素和城市系统分割。

2. "绿环/绿楔"格局

针对这种连片式城市扩张模式，可以在城市边缘区内形成"绿环/绿楔"的绿色空间格局（图5-1），来抑制城市扩张。绿环是指通过政策或立法的方式，在城市外围地区设立具有一定规模的、连续或基本连续的、永久性的绿色空间[1]。国外城市多以法案一类的形式对其予以定义和约束，如伦敦曾颁布《环城绿带法案》等。我国城市多在实际的城市规划层面对绿环进行了初步定义与范围划定。例如上海市政府在《上海市环城绿带管理办法》中将其定义为"城市规划确定的沿外环线道路两侧，具有一定宽度的绿化用地"[2]；广东省在《环城绿带规划指引》中定义环城绿带"是在城镇规划建设区外围的一定范围内，被强制设定的基本闭合的绿色开敞空间，并纳入城市的统一管理，对其进行永久性的限制开发"[3]。

　　绿楔也是一种抑制城市生长的开放空间形式，通过对轴向发展的城市在垂直方向上引入绿楔，形成绿色通道，可以有效地削弱因城市连片面积过大而导致的生物廊道被阻隔的现象。

　　绿环与绿楔也可以结合城市边缘区内的绿色空间分布，进行一定的组合，这样能够加强城市边缘区绿色空间的生态功能。如前文所提到的北京的城市边缘区绿色空间规划内容，就是选择用两道绿环与十条绿楔，共同构成北京城市边缘区绿色空间。

　　"向外扩张"的城市发展模式决定了"绿环/绿楔"与城市边缘区在地理空间上具有一致性。由于城市边缘区具有多圈层和过渡性等特点，以及每个城市的地形地貌、发展战略和规划不同等因素，使得"绿环/绿楔"在不同的城市边缘区及各段上的相对径向区位也不尽相同，其空间带宽相对于城市边缘往往出现较窄的现象，同时"绿环/绿楔"的建立和维护与城市建设用地的发展相抗衡，同样面临着被侵蚀的问题。这些都要在之后的规划中尽量避免。

### 5.1.2　"内部填充型"发展模式与"镶嵌式绿块"格局

#### 1."内部填充型"发展模式

　　即在两时期同属于城市边缘区的地域，这部分地域在类型归属上没有变化，但在其内部如用地、景观等方面发生了某些变化；一般出现在发展中的城市边缘区或在城市周边有明显的限制因素（河流、山体、沙漠、海洋）的城市边缘区等（图5-1）。

#### 2."镶嵌式绿块"格局

　　这种城市发展模式下的边缘区绿色空间格局，具有动态变化性，其在发展初期为边缘区用地的主要组成部分，随着区域发

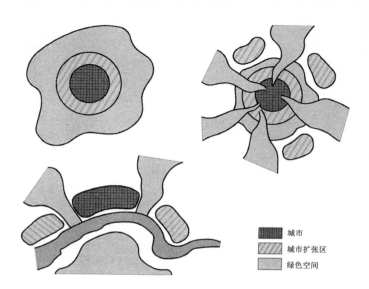

图5-1 "绿环/绿楔"
示意图

城市

城市扩张区

绿色空间

　　展，人为因素不断介入，使得绿色空间被道路等基础设施分割成不同尺度的自然与人工斑块，进而转化为镶嵌在边缘区内的绿块。从宏观上看，城市边缘区的属性并未改变，然而其内部斑块的大小随着周边及自身用地性质转换的影响而在不断变化（图5-2）。

　　理想的"镶嵌式绿块"格局，就是通过在城市边缘区内形成具有生物连续性的斑块，为人类和生物提供高质量的生活生存空间，并能够为城市发展预留空间，避免城市连片发展的出现，使城市能够健康发展。

### 5.1.3 "转换核心型"发展模式与"绿色补丁"格局

1. "转换核心型"发展模式

　　即上一时期用地在类型上由城市边缘区或乡村腹地转为城市用地，其在格局和内容上都具有城市属性。城市除了在其边缘区进行连片式开发外，还有楔形增长的趋势。即城市以"飞地式"形式将用地镶嵌到很远的乡村腹地独立发展。这种模式是通过另外建立新的城市区域，来解决城市过大带来的一系列生态环境和用地紧张等矛盾。如大型企业搬迁到乡村腹地中独立发展；政府部门整体转移到新区内等行为。这使得城市边缘区表现为既有大片土地开发，又与核心区相分离（图5-3）。

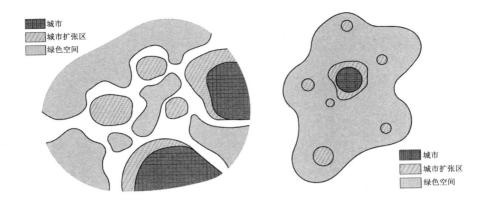

图 5-2 （左）"镶嵌式绿块"示意图"

图 5-3 （右）转换核心型发展模式

#### 2."绿色补丁"格局

新城和卫星城大多建设在原有乡村腹地及未开发用地之上，并在城市核心区与新城之间保留了大面积的乡村腹地。这种新开发的城区绿色空间是建造生态城市的理想场所。

理想的新城绿色空间，应与周边乡村腹地的自然景观紧密结合，在开发建设时充分利用当地的自然资源，塑造具有当地特色的绿色空间，并在新城内创造复合生境，为生物提供多样的栖息空间。这样所形成的城市边缘区绿色空间格局，如同一个个美丽的"绿色补丁"，镶嵌在广袤的乡村腹地之中，连接新城与周边乡村腹地的生态廊道。

### 5.2　我国所面临的问题及反思

理想的城市边缘区绿色空间格局能够充分发挥其维持城市与城市边缘区内部生态环境平衡的生态功能、城市无序扩张的抑制功能、为城市提供农副产品的生产功能、具有特色观光旅游的休闲功能、文化的衔接功能、城市与自然物能流通的廊道功能。而我国目前城市边缘区绿色空间的现状并不理想，面临诸多问题，这些问题对实现可持续发展的城市边缘区绿色空间带来一定的阻力。

#### 5.2.1　用地缺乏规划，绿色空间发展成问题

目前我国城市边缘区内存在产业间的利益差距，导致用地内部结构快速调整，规划制度跟不上调整速度，使得城市边缘区用

地缺乏长远规划。城市建设盲目地追求地域和空间范围的扩大，土地变工厂、乡村变城市，使得城市边缘区内充斥着各种建设项目，如房地产开发、工业园区建设、道路桥梁修建等。用地被多圈多占、占而不用或不充分利用，导致用地规模、布局、功能定位不合理，土地浪费严重。

利益驱使人们投入更多精力与物力在城市边缘区的建成区上，而忽视了边缘区绿色空间的保护与开发。城市边缘区绿色空间发展出现阻碍。原本良好的绿色空间格局被破坏，使空间不断被压缩。这种发展趋势若不加以治理，随着城市的发展，边缘区绿色空间将被建成区取代。如北京市的海淀区，曾是北京市核心区的边缘区域，由于城市不断扩张，加之中关村电子市场、高校等产业的入驻，带动海淀区的繁荣发展。如今，海淀区已经完全城市化，2010年，海淀区与朝阳区、丰台区和石景山区一同成为北京的内城，除了保留下来的皇家园林和几个公园，原有绿色空间已不复存在。

### 5.2.2  绿色空间格局混乱，不能够充分发挥其相应功能

城市边缘区位于城市与乡村之间，其景观形式也受其影响。边缘区开放空间的景观在整体上呈现一种由城市景观到乡村景观的过渡状态，在靠近城市的区域，城市边缘区开放空间的景观更接近城市景观，而靠近乡村区域，其景观形式也就更加质朴与简洁。理论上讲，这种过渡遵循距离衰减规律，但在实际过程中，更多地表现出不规则的资源区域效应，在很大程度上受到道路系统、市政公共设施构成的可达性模式的影响，这使得边缘区的景观格局被市政管网等基础设施弄得破碎不堪，导致城乡用地犬牙交错，空间格局混乱。

1. 自然与半自然景观退化，动物栖息地受到破坏，景观可持续性差

在城市边缘区，一些未开发的动物栖息地、湿地等自然斑块与农田、林地、果园等半自然斑块被道路广场、建筑等生硬的人工斑块取代。这些人工斑块随意布局，将自然斑块切割，新建的城乡公路也破坏和隔断了生物的转移路径，降低了同类景观斑块间的连通性。美国俄亥俄州环境保护局对城市化与流域中的鱼类进行了长期的监控，研究发现，当城市用地占流域面积的0%～5%时，一些对环境敏感的鱼类将会消失；当城市用地占流域面积的5%～15%时，更多鱼类物种将会消失，栖息地退化；当城市用地大

于流域面积的15%时，有毒物质的聚集和富营养化严重，导致的鱼类灭绝[4]。同样，一些人工建设破坏了候鸟迁徙路径中的休息地，鸟类物种多样性和丰富度也随城市化程度的提高而不断降低。一些城市味十足的人工硬质驳岸，将原有的自然河岸由弯变直，加快了地表径流，使得河流廊道的自然生态过程中断，降低了河流生态廊道的作用。种种行为都将原有城市边缘区宝贵的自然资源破坏，取而代之的是人工的、非生态的景观，降低了城市边缘区绿色空间的生态功能，空间变得不再具有可持续性。

2. 城市边缘区绿色空间与城市绿色空间割裂，景观连接性差

城市边缘区内拥有良好的生态资源，周边乡村、山林、水系及湿地等自然资源形成边缘区的生物流，源源不断地向城市输送，成为城市的生态屏障。由于人们在建设边缘区时，疏于对边缘区绿色空间的宏观把握，只重视局部效果，将一些重要的生态廊道，如河流廊道，与城市开放空间割裂，通向城市的生态廊道被切断，生物流被阻隔在城市边缘处，生态与景观的联结度降低，边缘区绿色空间的城市的生态保障功能丧失。

3. 市民认知度低，景观可达性差

城市边缘区绿色空间的功能之一是为市民提供游憩休闲的场所，然而一些建成的郊野公园等绿色空间却很少被市民问津。究其原因是这些绿色空间经常被高速公路阻隔，且少有能够适宜步行及自行车到达的路径，景观可达性差。此外，宣传力度不够以及内部缺乏特色项目，不足以吸引市民前来游玩，这也是空间使用率低的原因。

### 5.2.3　绿色空间的塑造环节薄弱，乡土特色消失，有趋同化倾向

由于边缘区开发疏于管理，缺少景观方面专业人士的统筹规划，人们在绿色空间的景观设计上更加随性。大家各自为政，并且跟风事态严重，对自然景观的改造利用没有注意与当地的自然及人文景观的结合，使得一些具有生态价值和文化价值的传统景观也受到了破坏，失去了本身的特质。城市边缘区绿色空间呈现出一种景观种类重复，质量参差不齐的现象，绿色空间的美学特性降低。

除此之外，新城景观大多为人们急功近利的产物，许多项目仅仅追求速度与时效，并打着"宜居城市"、"生态新城"等口号，吸引更多市民前往，其实并不生态。大多数地区规划出来的新城

结构相似，没有自身特点，景观有趋同化的倾向。新城绿色空间只追求绿量与形式，甚至有些新城的绿色空间规划将现有的河道填埋，在其他地块上重新挖湖堆山，种上园林景观植被，人工味十足。这不仅浪费了人力物力，更是对原有生态平衡的一个破坏。新城绿地景观看似美好，但其绿色空间并没有融入周边环境之中，而是生硬地插在乡村腹地之上。这使得原本具有乡土特色的景观消失。

### 5.2.4　绿色空间的管理维护不佳

随着旅游业的发展，城市边缘区绿色空间内的一些有特色的自然资源被开发转型为旅游资源。一些旅游景点由于管理维护与开发不配套、保护资金不到位、法律法规不健全、使用者素质低等原因，出现诸如在开发中产生破坏性建设、超负荷的接待、部分旅游者的不文明行为等，使得景观出现人为损坏。而一些不可抗拒的突发性的自然灾害，如泥石流、雷电、洪水等，也会对景观带来巨大的破坏。据资料显示，在我国开展旅游的自然保护区中，44%的保护区存在垃圾公害，12%的保护区出现水污染，11%的保护区有噪声污染，3%的保护区有空气污染[5]。如果不对这些现象进行整治和改进，长此以往，这些损坏将会转变为不可修复的严重性破坏，人们将为此付出更多的经济与时间代价。

### 5.2.5　反思

#### 1. 问题将带来的严重后果

我国正处在城市化快速发展阶段，许多城市边缘区绿色空间存在或将面临上述问题。如果不及时应对解决，城市蔓延会继续下去，绿色空间将会被建成区取代。这将导致城市边缘区生态平衡破坏、生态系统整体功能下降、人与环境矛盾尖锐，这样的环境空间也将不再适合人类生存，严重地影响了城市边缘区的可持续发展和现代化进程。美国的郊区化所带来的城市蔓延、生态环境破坏的结果是我们的前车之鉴，值得我们深层次地思考。

如果直到这样的结果发生时，人们才意识到城市边缘区绿色空间的重要性，已经有些为时过晚。绿色空间一旦被破坏，其恢复过程相当困难与漫长。因此，我们应当意识到问题所带来的严重后果，尽早对边缘区绿色空间进行保护。

#### 2. 问题产生的主要原因——规划体制的盲区

不可否认，目前我国城市边缘区所面临的诸多环境问题中，有许多是由于不合理的规划与设计所造成的。城市的无序扩张，造成人与自然关系的失衡、岌岌可危的生态环境和自然灾害的频繁发生，所有这些都对我们习以为常的设计方法提出了重大挑战。

我国传统的城市规划是先预测城市的人口规模，然后根据国家人均用地指标确定用地规模，再依此编制土地利用规划和不同功能区的空间布局[6]。从本质上讲，它是一个城市建设用地规划，绿地系统规划只是其中的一部分，在时序上滞后于城市建设用地的规划。

这一传统途径有许多问题。首先，它缺乏整体性，忽视了大地景观是一个有机的整体的系统。第二，用预测的方式来进行功能和用地部署并不现实，城市的发展复杂多变，这种规划很难做到量体裁衣，要么趋于滞后和被动，要么超前建设，导致了城市扩张以及土地资源的浪费。第三，颠倒了城市与土地的关系，自然是城市的载体，而传统的城市规划将城市的绿地系统和城市生态环境保护变成后续的被动的点缀。第四，规划对市场不甚了解，却想着要控制市场，从而导致规划的失灵。

面对区域及城市规划，约翰·弗里德曼（John Friedmann）在1993年提出了非欧几里得规划模型（non-Euclidian model），认为处在一个难以预见的时代里，欧几里得工程模型（Euclidian engineering model）已经不再有效，应将规划直接联系实践工作，实时地面对面交流，积极地参与区域和地方的变化，鼓励越来越多有组织的市民加入公共决策过程，最终形成人们日常生活的空间而不是政府官僚喜爱的面子工程[7]。俞孔坚等人也提出了"反规划"，以排斥法作为思维模式，认为规划师首先要做的是制定一个保护规划，对不应该建设的用地进行规划和控制，规定哪里需要保护，哪里需要控制，确保重要的生态资源与土地不被破坏[8]。

面对无法控制的城市扩张，市政规划者要对我们习以为常的规划进行反思。在进行城市边缘区规划时，不妨考虑对最为宝贵的绿色空间优先进行考察，将理性建立在自然系统的基础上，规划与保护恒定不变的绿色空间，从而形成高效地维护土地生态过程安全与质量的景观格局，为变化的城市规模提供绿色基底与弹性的发展空间。约翰·O·西蒙兹（John O. Simonds）曾说过："规划与无意义的模式和冷冰冰的形式无关，规划是一种人性的体验。活生生的、搏动的、重要的体验，如果构思为和谐关系的图解，就会形成自己的表达形式，这种形式发展下去，就像鹦鹉螺壳一样有机；如果规划是有机的，它也会同样美丽。[9]"

　　3. 对城市边缘区绿色空间进行合理规划的渴求

　　良好的城市边缘区绿色空间具有维持城市边缘区内部生态平衡、抑制城市无序扩张、连通城市绿色空间与乡村自然空间、满足城市及城市边缘区居民的生活、休闲需求等功能。清新的空气、怡人的田园风光、方便的交通和完善的生活设施，这样的城市边缘区也许是未来人类居住环境走向可持续发展的一种理想形式。

　　然而传统的规划与设计方法，难以应对城市边缘区变幻莫测以及复杂的现象。我国城市边缘区绿色空间目前所呈现的状况，便是很好的证明。这样的城市边缘区绿色空间是不可持续的，也满足不了其所具有的功能。人们心里对自然与美好环境的渴望要求我们在城市边缘区构建生态可持续的绿色空间，来控制城市的无序蔓延，解决城市及城市边缘区的环境问题。这样的绿色空间，是有机生长、生态可持续发展的生态空间系统，系统内各部分在发挥各自优势的前提下，形成各具特色、互能互补的节点，并建立起完整的相互联系的区域生态网络、生态基础设施体系和环境保护体系，进而实现城市与城市边缘区功能与空间的一体化发展。可以通过对其进行合理的规划来实现。

# 第 6 章

## 城市边缘区绿色空间的
## 景观生态规划

城市边缘区绿色空间为城市及城市边缘区的生物多样性保护提供了重要的空间保障。对其进行合理的规划，能够改善和提高城市—城市边缘区—乡村之间的生态连接，降低生态环境破坏、缓解城市化压力，具有重要的意义。在梳理景观生态学理论概念、内涵和研究重点的基础上，提出城市边缘区绿色空间景观生态规划的目标与原则，试图利用景观生态规划的手段，优化城市边缘区绿色空间格局、丰富其内容与层次、调整内部产业结构，来缓解城市无序扩张，确保城市边缘区绿色空间的诸多功能的充分发挥。

## 6.1　景观生态规划概述

### 6.1.1　景观生态规划的概念与内涵

18世纪以来，随着工业革命和城市化的发展，自然环境被破坏，促使人们开始进行以维护生态环境为目的的规划、设计和管理。在这样的背景下，出现了景观生态规划设计，它是运用景观生态学原理、生态经济学原理及其他相关学科的知识与方法来解决景观生态问题的具体实践，集中体现了景观生态学的应用价值。

综合国内外学者对景观生态规划设计的理解，总结其内涵有以下几个方面：

第一，景观生态规划的研究对象为景观，其涉及的理论有景观生态学、地理学、环境科学、生态经济学等多种学科，具有高度的综合性；第二，其研究内容包括土地与景观的自然特性、景观生态格局和过程以及人类活动等方面；第三，其研究目的是协调土地利用过程中的景观内部结构和生态过程，正确处理土地的开发利用，生态、资源的保护与开发，经济发展与环境质量的关系，进而改善景观生态系统的整体功能，实现人与自然的和谐；第四，它强调立足于当地自然资源与社会经济条件的潜力，形成区域生态环境功能及社会经济功能的协调与互补，同时具有开放性；第五，它侧重于土地资源利用与空间配置和布局，并考虑与更大尺度上景观生态系统的对接与协调；第六，在协调自然过程的同时，景观生态规划关注文化和社会经济过程的协调发展[1-3]。

### 6.1.2　景观生态规划的研究重点

1. 景观生态过程—格局的规划

斑块（patch）、廊道（corridor）和基质（matrix）是景观

生态学用来解释景观结构的基本模式。其中，斑块是指不同于周围背景的非线性景观生态系统单元；廊道是指线或带形的景观生态系统空间模型；基质是一定区域内面积最大、分布最广而优质性很突出的景观生态系统[4]。这一模式为辨别景观结构，分析结构与功能的关系和改变景观提供了一种可操作的语言。

运用这一基本语言，景观生态学探讨地球表面的景观是怎样组成的，定量、定性地描述这些基本景观元素的形状、大小、数目和空间关系，以及这些空间属性对在其中运动的生态流和物质流的影响。围绕这些研究，景观生态学总结出了一些关于景观结构和功能关系的一般性原理，如边缘效应、空间曲度、尺度效应等，为景观规划设计提供了依据。

大地景观是多个生态系统组成的综合体，景观生态规划以大地综合体之间的各种过程和空间关系为对象，对景观综合体的过程—格局进行设计，来协调人地关系。

2．度量和评价体系的构建

景观生态学对景观有多种度量方法，例如数目、面积、比例、丰富度、适应度、优势度、多样性等，可以通过计算得出。这些度量方法可以应用于景观生态规划设计当中，作为一种衡量标准，将原有的定性描述向定量描述转移，对景观生态规划设计的基础分析、评价体系的构建、管理和决策具有重要意义。这也是目前景观规划中比较欠缺的一个方面。

3．景观安全格局的优化

景观安全格局是将景观生态学应用于景观规划所提出的模型。它包含源地、缓冲区（带）、廊道、可能扩散途径以及战略点[4]。其中，源地指物种扩散的现有自然栖息地；缓冲区（带）指围绕源地或生态廊道周围较易被目标物种利用的景观空间；廊道指源地之间可为目标物种迁移所利用的联系通道；可能扩散路径指目标物种由种源地向周围扩散的可能方向；战略点指景观中对于物种的迁移或扩散过程具有关键作用的地段。通过该模型，景观生态规划过程被转换为对上述空间组分进行识别的过程。选择栖息源地、建立最小阻力表面和耗费表面、识别安全格局组分成为景观安全格局的操作步骤。

景观安全格局以生态决策为中心，将大地上的景观综合体以最经济高效的方式进行布置，为维护生态过程的健康与安全，控制灾害性的过程，实现人居环境的可持续性等提供了新的思维模式。通过在景观单元水平方向的相互联系以及由此形成的整体景

观空间结构的探讨，对景观安全格局进行优化，是景观生态规划
设计的一个重点。

　　景观生态规划设计是一门正在深入开拓和迅速发展的规划方
法，景观的空间布局、形式、动态关系以及生态过程等内容，均
是研究的核心问题。城市边缘区绿色空间因其所处的特殊地理位
置，以及面临的诸多问题，增加了研究的复杂性。

## 6.2　城市边缘区绿色空间景观生态规划的目标与原则

### 6.2.1　规划目标

　　1. 优化城市边缘区绿色空间格局，缓解城市无序扩张

　　面对当前快速的城市化进程，城市边缘区绿色空间格局显得
尤为重要。在城市边缘区内，一个合理的绿色空间布局将建成
区融入绿色基底，能够避免城市连片式的发展，缓解城市的无序
扩张。城市边缘区绿色空间景观规划设计的重要目标之一，就是
将其进行合理的空间布局，在城市边缘区内形成绿色生态复合网
络，以保证城市—城市边缘区—乡村的和谐发展。

　　2. 丰富城市边缘区绿色空间的内容与层次，确保其功能的发挥

　　良好的城市边缘区绿色空间具有维持城市边缘区内部生态平
衡，连通城市绿色空间与乡村自然空间，满足城市及城市边缘区
居民的生活、休闲需求等生态、生产、休闲功能。通过城市边缘
区绿色空间的景观生态规划设计，对其内容与层次进行丰富，以
确保其诸多功能达到最大的效益，为城市边缘区的各种生物、居
民提供良好的生存和使用空间。

　　3. 调整城市边缘区绿色空间的产业结构，达到经济与生态效
益双赢

　　在城市边缘区绿色空间的景观规划设计中，通过对其内部相
关产业结构进行一定的调整和转型，使其更加适应城市边缘区的
特殊背景条件，达到经济与生态效益的双赢。

### 6.2.2　规划原则

　　1. 生态优先原则

　　目前我国城市向城市边缘区空间蔓延的发展趋势愈演愈烈，
导致城市与城市边缘区生态环境恶化。针对这个严峻的问题，
在进行边缘区绿色空间规划时，需要本着生态优先原则，通过优
先规划和设计城市边缘区绿色空间体系、制定用地保护范围的方

法，以确保城市边缘区内的生态资源不被建成区破坏。

随着城市边缘区绿色空间的形成，大面积连续的绿色空间将成为城市边缘区的基底，建设用地以间隙化的格局分布，融入绿色基底中，成为城市边缘区环境景观的一部分。这样能够控制城市的无序扩张和相邻城镇的连片发展，达到城市融入自然的理想效果。

2. 系统整体性原则

系统整体性原则强调城市边缘区绿色空间内部各要素之间的协调性、连贯性和一致性，通过对内部各种景观实体要素进行整体性的控制和创造，连同区域内的其他环境景观，共同形成整个区域的绿色空间系统。

理想的城市边缘区绿色空间是由一系列生态系统组成的具有一定结构和功能的整体，是由景观主体、景观客体以及二者之间的相互运动组合而成的复合生态系统。城市边缘区绿色空间的系统性表现在其内部各景观要素达到结构功能稳定以及和谐共存的状态。因此，在进行景观生态规划设计时，应从整体性着手，把景观单元视为有机联系的单元，寻找彼此之间的联系，形成一个体系，实现空间的可持续性、整体性、有机性与和谐性。

3. 地方性原则

由于地理、历史、文化背景等条件的不同，不同的城市边缘区所呈现的面貌也各具特色。因此，城市边缘区绿色空间规划设计要本着地方性原则，尊重地域文化与艺术，在此基础上，寻求多元化的发展。

地方性原则要求在进行边缘区绿色空间规划时，尊重场地、因地制宜，寻求场地与周边环境的密切联系，突出当地的历史文化和特色，保持其特有的地域风格。在进行景观生态塑造时，要用发现的、专业的眼光去观察和认识场地原有的特性，而不是刻意创造，同时尊重生物多样性，善于运用当地材料创造景观，减少对资源的掠夺。

4. 艺术性原则

景观是时间艺术与空间艺术的综合体，城市边缘区绿色空间要在满足其基本使用功能的基础上，具有美学艺术的表达性。艺术性原则要求城市边缘区绿色空间内部的景观要素在形态、结构、尺度等形式语言的组合方面，能够带给使用者舒适协调的感受和美的享受。在进行景观塑造时，利用科学与艺术的手段，从场地本身出发，寻求自然与人工景观之间的最佳平衡状态，使空间成为有机共生的艺术。

5. 社会公平与利益均衡原则

在进行城市边缘绿色空间规划时，要遵循社会公平与利益均衡原则，兼顾统筹城乡的协调发展。城市边缘区绿色空间不仅能够改善边缘区内的基础设施条件，为边缘区增添活力，还能够优化农村的生产方式与不同产业的经营理念，为农民带来更多的机遇。作为反馈，农村的条件改善，能够为城市提供更好的生态屏障和优质的农产品。在进行边缘区绿色空间建设时，通过这一原则来协调城乡发展，能够让城乡之间物质能量流通得更加顺畅和富有效率。

## 6.3 城市边缘区绿色空间的景观生态规划途径

### 6.3.1 基础分析

城市边缘区绿色空间的景观生态规划应以充分的分析为基础。任何场地都不是空白的，而是随着时间的变更，逐渐形成的具有自身属性的空间，并与周边环境紧密联系。因此，不能孤立地站在待开发、待整合的场地上进行分析，而是应当以更宏观、更全面的角度对现有空间进行综合分析。对于位于城市与乡村交错地带的城市边缘区绿色空间的基础分析，所需要分析的内容更加综合与复杂。总体说来，可以从区域尺度层面、场地内部层面以及历史层面来分析。

1. 区域尺度分析

城市边缘区与城市及其城市化进程是密不可分的，城市化进程带来了边缘区绿色空间的破裂。在区域尺度下进行分析，能够从一个宽广且动态的角度来更好地把握城市边缘区绿色空间发展的脉络。

（1）区位地理

在进行区域尺度的分析时，首先要研究城市边缘区所处的区域地理位置，了解城市边缘区与城市的关系，周边的限制因素（海洋、山体、沙漠等），以及城市边缘区在城市发展进程中的政治、经济、文化等要素的位置和承担的角色。这在未来城市边缘区绿色空间的功能定位、形态塑造以及产业调整等方面有着方向性的引导作用。

（2）城市化程度

通过对城市发展政策、目前人口分布、经济发展等综合因素的分析，了解目的城市发展方向及现有城市边缘区的城市化程度，从而合理地对边缘区绿色空间的未来发展进行趋势预测。对于城市化程度较高的城市边缘区，其绿色空间比较破碎，绿色空间的整体构架比较困难，因此在未来规划时，要更多地考虑对现有绿色空间的整合以及核心空间的构建，为之后有可能发生的用地性质转变（城市边缘区转化为核心区）提供更完善的绿色基础设施；对于城市化程度较弱的边缘区，要合理地对其现有生态资源进行整合与保护，优先构建城市边缘区绿色空间，形成良好的空间结构，在保证生态可持续的基础上，为城市化的进一步深入提供发展空间。

（3）气候要素

不同的气候条件适宜不同的动植物的生长，对区域的气候条件方面的资料收集，能够为之后的城市边缘区绿色空间内部景观塑造提供物种选择的依据。

2. 城市边缘区内部要素综合分析

每一个城市边缘区都有自己的特征，应对城市边缘区内部各要素的形式与结构进行综合分析，为规划一个生态的土地使用配置模式提供基础。

（1）自然要素

城市边缘区内所拥有的自然要素是构成其独特属性的重要因素之一。它们共同构成了城市边缘区绿色空间的基本骨架，如山体、水系、绿地等。它们同时也联系着多种生态要素，拥有宝贵的生境，如湿地生境、山林生境等，为动植物提供良好的栖息空间。此外，城市边缘区的植被空间多为长期自然演替的结果，具有一定的稳定性，能够形成本土植被资源库，具有良好的植被基础。

为了保证城市边缘区绿色空间的生态可持续，就要对其内部的自然要素进行充分分析。利用现有的自然资源构建绿色空间，并尽量避免由人类的建设活动引起的对场地自然要素的干扰和破坏，维护城市边缘区绿色空间的稳定。

（2）建成区景观

现有建成区的建筑及景观代表了城市边缘区的风貌和整体的文化氛围。在进行绿色空间塑造时，对现有建成区的建筑布局及景观现状进行了解，可以为之后的绿色空间创造提供参考。新建的绿色空间可以借鉴现有建成区的特色，融入相似的符号语言，最终形成统一协调的空间系统。

（3）产业分布

农林产业是城市边缘区内的重要产业类型，在城市边缘区空间内存在着大量的农林业用地，起着生产防护等作用。此外，由于边缘区拥有大量的土地资源，未开发程度高，随着城市的发展，一些化工产业也将厂址搬迁到城市边缘区内，给边缘区的环境带来一定的破坏。在进行城市边缘区绿色空间规划时，要对区域内的各种产业用地进行调查，对妨碍生态平衡的产业在技术层面上进行调整，降低其对城市边缘区绿色空间的破坏。

（4）地域文化特征

地域文化是在特定的地域文化背景下形成，并留存至今的记录人类活动历史和文化传承的载体。地域文化景观是在特定地域内，结合其自然地理环境所形成的一种景观类型，它由有形的物质空间载体和无形的文化价值体系共同构成[5]。

城市边缘区内有许多原始的地域文化的体现，如传统的村落、地域性的宗教文化设施、传统文娱活动等。在进行城市边缘区绿色空间规划时，应充分重视历史的积淀以及不同地域的文化体现，可以对这些积极的信息进行挖掘和提炼，最终落实到具体的城市边缘区绿色空间实体营造中。

3．历史边缘区的生态分析

城市发展进程中，人类活动与自然力本身对环境造成的改变是不可逆的。在进行规划时，某一历史时刻的生态系统可以成为参考点。在土地使用的实践变迁与现状调查中，大部分的模式改变都是朝着自然程度降低的方向发展。可以从时间变迁的调查中，找出变迁以前的模式，作为回到高自然度土地使用模式的参考。

在城市边缘区绿色空间的规划过程中，可以通过不同年份的航空相片图或卫星影像为基本资料，用人工判断的方法绘制出不同年份的土地利用现状并进行叠图工作，经由数字化如地理信息系统（GIS）进行图档管理以及斑块面积及数量的计算，观察并度量各种景观结构的变迁性质，包括斑块数量、斑块大小、内部栖息地数量、连接性程度及边界长度等指数的变化。通过这种调研，规划人员就有可能找到规划设计的突破口，这将给区域重建和再生、融入周边系统带来机会。

例如杭州西湖位于杭州市郊西南部，从历史上来看，西湖是由多次疏浚所形成的内湖，由于西湖的历次疏浚以及近代以来大规模建设的影响，使得湖与山之间存在大量的陆地，历史上山水相依的格局被破坏。"西湖西进"工程，是杭州市园林文物局原副局长吴子刚先生于1980年较早地提出的课题，2001年1月邀请国内数家研究和设计机构进行"西湖西进"可行性研究。研究以西山路为界，根据历史上西湖的面貌，将湖西平原地块局部恢复成湖，并变西山路局部为堤（西山路曾为杨公堤旧址），由此将原本深藏于西线腹地的自然、人文景观展现在游人面前，丰富西湖景观。

"西湖西进"重要的一点是恢复历史上西湖的部分水域，实际上也是西湖又一次重要的疏浚工程，所以历史时期的西湖湖底成为当时规划考虑的范围。设计师通过对历史资料的整理和分析，以西湖风景名胜区矢量地形图为基础，综合航片、地理信息系统分析，考虑区域内各要素适合拓展为水面的区域，最终得出"西湖西进"中适于拓展为水面的区域约为66hm$^2$，并结合对游人活动和道路设施的安排，认为拓展水面的面积在适宜于拓展水体面积的一半左右比较合适[6]。

2003年，"西湖西进"工程启动，坚持"淡妆建筑、浓妆生态"、生态优先的原则，在西湖西边开拓大片湿地环境，以自然质朴为特色，以历史沿革、风景资源的特点，划分了六处景区，即花山鹃霞、法相寻梅、三台泽韵、茅乡水情、双峰插云和金沙醇浓，恢复了历史上消失的景点，还市民更广阔的自然空间（图6-1）。

图 6-1　西湖西进规划前后对比

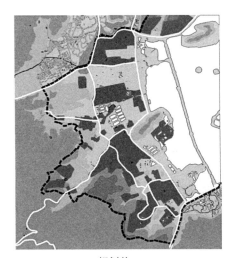

规划前

规划后

西湖西进工程的实施,不仅是对历史的恢复,更是湖西地区乃至涉及整个西湖风景区环境整治、生态恢复、风景资源的保护与利用和旅游空间扩展的复杂工程。项目的完成也为杭州带来了巨大的生态、经济、旅游等效益,成为在历史的基础上,通过生态恢复的手段,将城市与自然融合的成功范例。

### 6.3.2　建立生态评估体系

对城市边缘区绿色空间内部要素进行生态评估,是生态规划的基础,也是规划过程中不可或缺的部分。建立生态评估体系的目的在于,通过认识城市边缘区绿色空间内部景观生态的格局和过程、分析人类对绿色空间内不同景观类型的干扰程度与干扰方式,将用地进行分级,用来指导城市边缘区绿色空间格局的合理规划,建设良好的人居环境。

1. 景观生态评估体系

城市边缘区绿色空间的景观生态评估体系立足于景观生态特征、人地作用特征、生态系统可持续发展能力等方面,从以下几点对城市边缘区景观进行生态评估。

（1）原生度

由于人类活动的干扰,使得边缘区内的自然环境景观被开发利用为农业用地、人工林地、牧场地、人工水库以及旅游休闲用地。原生度是景观环境在自然度逐步降低的过程中所具有的原始生境、生态系统的保留程度,其关注的是景观非人工化程度。其评价内容主要包括:在城市边缘区绿色空间中自然景观斑块所占的比例;在自然景观斑块中,人工植被所占的比例;在绿色空间格局中,人工景观斑块与自然景观斑块的相间分布比率。原生度的改变会直接导致城市边缘区绿色空间生态格局的变化。

（2）相容度

景观环境具有容量特征,在容量限度以内的行为具有相容与冲突的恒定特征,而超越容量的行为则会破坏景观平衡,使环境退化[7]。相容度评价的关键是要以行为的可能性评估为基础,对每一种景观类型所能够接受的行为进行选择,这种行为既要有良好的景观保护功能,又要有良好的经济效益。可以通过行为与城市边缘区绿色空间价值功能的匹配特征、行为对城市边缘区绿色空间的破坏性以及行为对城市边缘区绿色空间的建设性三方面进行评定。

（3）敏感度

城市边缘区绿色空间的敏感度包含生态敏感度与视觉敏感度。生态敏感度因城市边缘区绿色空间内的景观类型的不同而不同，由景观生态群落特征、群落稳定性来决定。若绿色空间对外界的扰动所表现出的敏感度越低，则代表其稳定性越高。视觉敏感度评价从感知者的角度出发，通过绿色空间在感知者视觉感受中的不同，提高其视觉的敏感度。评价的指标包括廊道曲度、曲率；可视程度与可视几率；重要节点的分布数量、特征；色彩对比度、奇特性；创新性等。

（4）美景度

对于城市边缘区绿色空间的质量评价，除了客体评价外，主观的认知、绿色空间的吸引力、协调程度等人对绿色空间不同的认知感受，同样影响着景观质量的评价结果。因此，在进行城市边缘区绿色空间质量评价时，要同时考虑诸多主、客观因素，才能得到具有代表性的美景度评价结果。

其评价内容有：边缘区绿色空间客体的地形破碎度、植被覆盖度、水域面积比例、天象变化、传统建筑的特色、景观层次等；绿色空间的协调度，如色彩协调、用材、空间透视、高度、扩散范围、形态等；绿色空间的吸引力，如景观质量、奇特性、地方特色、民俗风情、宗教信仰等；绿色空间的认知度，如易解读性、知觉认知性、意向认知性等；绿色空间的视觉污染，如文字、指示牌、广告的频度与质量、垃圾处理、民间信仰、社区稳定性和居民文化素质程度等。

（5）连通度与可达度

连通度是城市边缘区绿色空间的生态系统网络与生物可达途径的重要基础，它是对绿色空间内结构单元之间连续性的度量，是描述景观中廊道或基质在空间连接的指标。城市边缘区绿色空间的可达度评价是在区域尺度下，绿色空间特征的客观恒定。由于内部景观类型的多样性、地形特征导致空间距离的复杂性，使用交通工具的不同以及人们在认知过程中形成的心理距离等，都能够影响到可达度的判定。一般说来，在进行可达度的评价时，其客观因素评价指标包括：地形、坡度、准入程度、植被覆盖度、穿越度、路况等。

2．景观分级

城市边缘区绿色空间的生态评估体系能够判断城市边缘区绿色空间的环境质量、衡量其具有功能的发挥程度、为合理地调整和设计城市边缘区绿色空间提供了科学的依据。通过运用该评估体系对城市边缘区绿色空间的现状进行综合的生态评估后，进行以下分级，用以确定每一级别所要完成的任务，便于之后的具体规划、管理和操作。

（1）景观保护层级

对于城市边缘区绿色空间的景观价值、生态学意义和人类自然文化遗产价值较高的空间进行保存和保护，如水源地、城市周边山林生态系统、野生地域、湿地、自然保护区、重点文物保护单位等。划定该类区域为城市边缘区绿色空间的特殊保护地域。在其中严格限定产业发展与规模，最大幅度降低人类对该保护区景观的扰动，实施特殊的发展策略。

（2）生态恢复和补偿层级

对于城市边缘区生态性敏感度高的、由于人类活动对自然资源的不合理利用而造成严重破坏的地区，如濒临灭绝的动植物栖息地、矿山开采形成的大面积采空区、水库淹没地、矿渣堆积地等，应即刻终止破坏行为，并以原有景观特征为背景，对破坏区域进行科学的生态恢复与生态补偿。人为的生态恢复是对自然恢复过程的加速，通过人工方式直接建造复杂生态系统，辅助自然景观的恢复。

（3）适度开发层级

对于具有良好自然资源的城市边缘区绿色空间，可进行适度开发，如开发风景名胜区、国家和地方森林公园、郊野公园等，将用地性质进行转换，一方面可以避免城市的侵蚀，另一方面又可以为市民提供良好的休闲空间。在开发过程中将产业发展与城市边缘区绿色空间的生态环境保护统一起来，确定城市边缘区绿色空间开发的游憩强度和规范游憩行为。

（4）开发改造层级

对于人类产业活动和建设过程中形成与城市边缘区绿色空间的生态环境不协调的区域，利用景观生态学理论和科技方法进行改造。如城市边缘区内的工业废弃地、荒地、垃圾填埋场地、破旧的乡土景观等，将其纳入城市边缘区绿色空间，通过景观方式进行再开发，形成具有独特场所感的景观。这些保留下来的再开发区域，不仅具有现代实用功能，还延续了当地文脉，在美学、生态与功能等方面都有所提升。

例如针对北京市边缘区绿色空间景观生态保护的规划中，王云才等人在景观相容度评价的基础上，选择北京市西部房山区内

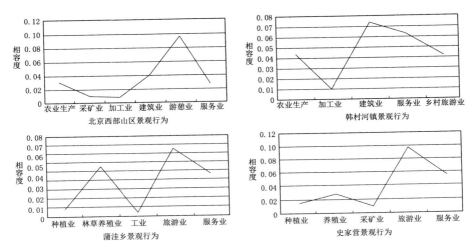

图6-2 北京市西部郊区开放空间景观－行为相容度分析[7]

的韩村河镇、周口店镇、史家营乡和蒲洼乡为典型剖面，进行景观生态评估[7]。设定相容判断矩阵的判断值为0、1、3、5、7、9，分别代表不相容、几乎不相容、弱相容、中等相容、相容性较强和完全相容六个等级。

通过对研究对象的30种景观类型与34种人类行为的相容性的判断（图6-2）和公式，推倒得出北京西部山区的景观-行为的相容指数为0.22，相容程度并不高，表明在北京西部山区的绿色空间景观中存在严重的景观生态与景观环境危机，资源利用不合理和生态破坏等问题。

在此基础上，对北京市郊区景观进行了生态规划（图6-3）：

首先，确定边缘区景观留存于保护区体系，划定特殊保护区、野生地域为重点保护区，筛选保护性乡村村落，对矿区景观进行整治恢复、确定国家和地方森林公园。其次，规划建设边缘区都市森林系统，以绿色空间为主题，以各种类型的绿地景观相互镶嵌形成"大绿带"景观。第三，在空间游憩规划方面，结合北京市游憩地在城市近郊区、中郊区和远郊区地带的空间特征，将北京市边缘区空间游憩景观区域规划为城市近郊区的都市旅游观光带、中郊区大众旅游休闲带、远郊的生态旅游景观区、景观生态恢复与整治区和野生地域与特殊保护区。

### 6.3.3　构建城市边缘区绿色空间形态

面对当前快速的城市化进程，城市边缘区绿色空间的形态显

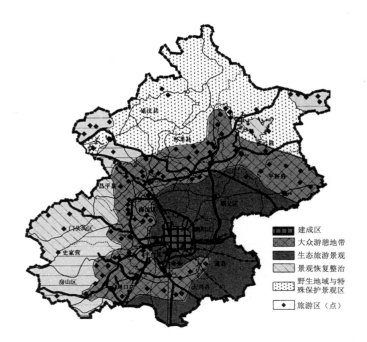

建成区
大众游憩地带
生态旅游景观
景观恢复整治
野生地域与特殊保护景观区
旅游区（点）

图 6-3 北京市郊区开放空间游憩景观区域规划图[7]

得尤为重要，一个合理的空间布局能够发挥景观和生态方面的最大效益。在对城市边缘区绿色空间的基础分析和评估分级后，可从以下三个方面构建城市边缘区绿色空间形态。

首先，重整边缘区绿色空间内现有资源的布局，通过连接和整合各个生态要素，包括绿地、水体、交通、文化景观等方面，形成一个复合的生态网络；其次，将城市边缘区绿色空间通过生态廊道的形式，与城市内部绿色空间相联系，将自然引入城市；最后，创建具有弹性的城市边缘区绿色空间发展框架，为城市发展预留更多的弹性空间。

1. 重整城市边缘区绿色空间布局，在城市边缘区内形成复合生态网络

自然系统是有结构的，不同的空间构型和格局，有不同的生态功能，而同样的格局和构型，景观元素的属性不同，整体景观的生态能功也将不同，从这个意义上讲，协调城市与自然系统的关系是空间格局和质的问题[8]。合理的城市边缘区绿色空间规划，就是规划一种景观生态格局，使其在有限的土地上，最大限度地、高效地保障自然和生物过程的完整性和连续性，同时又能够

给城市扩展留出足够的空间。

城市边缘区的开发建设，既要保护自然的生态环境，又要保证城市建设的有序开展，这需要在利用城市边缘区绿色空间的基础上，通过重整布局，建立一个高效复合的生态网络。这个生态网络是由城市边缘区绿色空间内的各种类型的生态功能区、生态廊道和各种生态节点，诸如森林、草地、河流、山脊线、公园等纵横交错，形成的生物种群间互利共生的网络，也可以理解为由不同的"斑块—廊道—基质"系统纵横交错而形成的网状系统。它对于城乡可持续发展具有重要意义。

在进行城市边缘区绿色空间形态构建时，应以大面积的自然区域为生态背景，保护已经存在的城市及边缘区的绿色单元，恢复受损的自然系统，在各个景观与斑块之间建立有效的联系以缓解空间的破碎性，连通自然生态斑块和人类活动斑块。这样不仅能够调节局地气候，疏通资源循环，改善生态环境，还能够有效地阻止城市无序扩张，实现孤立斑块间的物质和能量的交换和流通。此外，在建设过程中，从城市边缘区绿色空间本身的历史与文化出发，建设包含地域特色的环境景观。

总体说来，从区域尺度来看，城市边缘区内的三种土地模式是其绿色空间生态网络形成所不可或缺的空间元素：现有生态斑块（分散的绿地、住区绿地、产业区绿地），生态廊道（如河流、道路、防护林带），生态基质（连续的自然资源，如山林、湿地、自然保护区等）。而在边缘区构建复合生态网络，就需要绝对保护现有生态基质、构建生态廊道、保育和复育被破坏的边界空间、连接斑块与基质、提高各斑块的边界长度，形成一个纹理细致的多样化地区。具体做法如下：

（1）以自然区域为生态背景，形成复合生态网络的基本骨架

位于城市边缘区的自然山水格局，犹如绿色屏障一样，为城市输入新鲜的能量，降解城市的污染。维护城市边缘区的自然山水格局的连续性和完整性，是维护城市生态安全的关键，也是城市边缘区与城市相互融合的关键，符合可持续发展的基本观念。破坏了城市边缘区的山水格局，就如同切断了自然过程的能量流动，城市也因此得不到健康的发展。

1915年，苏格兰学者盖迪斯（P. Gedds）在《进化中的城市》（*Cities in Evolution*）中强调"将自然区域作为规划的基本构架"，并指出要将乡村纳入城市研究的范畴[9]。城市边缘区的自然环境具有按照自然规律演替、自我维持能力强、人工通入少等特

点，其在动植物生境的保护与恢复等方面都有一定的优势。在对城市边缘区进行详细的调研后，将现存的大面积自然区域作为城市边缘区绿色空间复合生态网络的基本骨架，通过生态评估对现状山水等自然资源进行分级，并严格按照等级进行对待处理。通过对自然遗存的保护和对破坏景观的生态进行恢复、重建，来进行城市边缘区绿色空间建设。

（2）结合农林用地，形成复合生态网络的绿色基底

农林用地是城市边缘区人工用地的主要组成部分。随着科学技术、现代交通以及工作生活方式的改变，城市在向周边用地侵蚀。农林用地由于能够通过较低成本获得，成为最易受到侵占的用地类型之一。在我国绝大多数情况下，农田一旦被划为建设用地，其用地性质与内容就被完全地转换，原有的农田不复存在，城市边缘区的特色也消失殆尽。

国外的处理方式显得更为柔和与兼顾。在霍华德田园城市的模式里，将农田作为城市系统的有机组成部分；日本筑波科学城保留了大片的农田，产生了良好的效果（图6-4）；英国从1979年

图6-4 日本筑波科学城鸟瞰

起，将农田引入城市社区，并配套相应的机构，提供技术和资金支持；法国在建设新城时，秉承着"建设没有郊区的新城"的理念，把农田作为绿地引入城内及周围地区，并将农田作为城与城之间的隔离带。

中国是农业大国，保护高产农田是未来中国可持续发展的重大战略。在城市边缘区，大面积的乡村农田可以作为城市边缘区绿色空间复合网络的绿色基底，用来溶解建成区，突出城市边缘区自身特色。在规划时，将农田渗透入建成区内，形成农林防护体系，不但可以保留原有的农田机理，形成具有特色的城市边缘区景观，还可以更加便捷地为当地居民提供农副产品，为人们提供一个良好的休闲与教育场所。

具体的实施方法有：在住宅区内保留农田，这既保留了当地回迁农民的生活习惯，又为社区提供了新鲜农副产品；在一些研发基地保留的农田，可以作为科研实验基地，为高产作物的培养提供试验条件；在公园绿地内保留农田，进行科普教育展示，提升公园的科普教育功能；也可以尝试将农业与建筑结合，在建筑屋顶或立面种植作物，形成立体的农业景观，不仅节约了用地，同时为人们提供更多的体验空间等。

例如上海崇明岛是邻近长江口的重要生态候鸟保护区，被誉为上海的最后一片净土。陈家镇位于崇明岛东端，同时位于沿海大通道的重要位置上，与上海市相连，二者之间的横沙、长兴等岛屿将成为上海市未来的国际会议中心与旅游中心（图6-5）。陈家镇的发展，对未来崇明岛的影响巨大，德国SBA设计事务所对陈家镇及其周边地区进行了区域生态规划。

在规划中，SBA在区域北部最外层保留了大面积的候鸟保护区，并以森林和生态农业区作为中层自然缓冲区，将居住用地与工业园区集中布置于南部，并设计绿色廊道连接建成区域和自然区域，发展"洋葱头"式的层状城市边缘区绿色空间[10]，作为整个区域的绿色空间骨架。陈家镇边缘区绿色空间从城市中心区向候鸟保护区方向依次由生态农业区、森林、公园、奥林匹克园、农业田园、农产水产、湿地和滩地以及候鸟保护区组成。围绕主城镇的生态农业区为居民休闲提供场地，同时也是区域内雨水收集的容纳点，是住区与工业用地抵御水灾、内涝、干旱等自然灾害的缓冲区域；大面积的能源森林将湖泊包围，并在城市冬季干冷风向上设置了用于阻隔海风的林区；奥林匹克园、各种高尔夫俱乐部等自然休闲活动区域与工业园、会议中心、科教园区等用地相结合，形成了第二个城镇密集区域；农业田园区以生态农业为主，成为城镇区域自然保护区之间的最后一道天然隔离带，在保护区内也允许特殊活动的农业水产区，以及仅局部允许参观的严格保护区和大面积的禁地水域，用来保护候鸟的迁徙地。规划将中心城镇的工业园区置于铁路线另一侧，沿交通轴向江边发展，并且围绕生活与城市中心在沿江的码头与购物街区展开，提升了城市活力。规划涵盖了交通方式、功能类型、生态保护程度、生态特色等要素，共同形成统一的生态体系（图6-6）。

（3）补充和完善现有绿地基质，形成生态"脚踏石"系统

在城市边缘区内，有许多因城市发展而建设的绿地，如住区绿地、工厂附属绿地、高校附属绿地、各种类型的公园绿地等。它们的主要服务对象是居住在城市边缘区内的居民。这些绿地形成了城市边缘区绿色空间的生态斑块，是边缘区绿色空间不可或缺的重要部分。相对于城市边缘区域内的自然资源，这些绿地的尺度较小，受人工因素的影响较大。因此，在进行边缘区绿色空间规划时，就需要更加注重对其进行合理的布局与精心的设计，从而保证生态空间的连续性。

霍布斯（Hobbs）和福尔曼（Forman）认为区域内的景观格局是由地貌、地形和气候条件、干扰体以及生物过程相互作用的产物，大尺度上的非生物因素（气候、地形、地貌）为景观格局提供了物理模板，小尺度的"脚踏石"（stepping-stone）系统是位于两个以上大型斑块之间，由一连串小型植被斑块所组成，可以作为物种传播及局部灭绝后重新定居的生境，从而增加景观的连

图6-5（左）陈家镇区位图[10]

图6-6（右）陈家镇生态城市规划平面图[10]

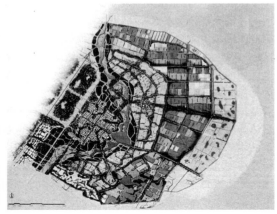

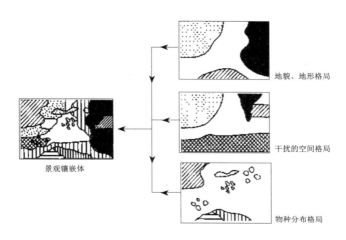

地貌、地形格局

干扰的空间格局

景观镶嵌体

物种分布格局

图6-7 景观格局的多
来源特征[11]

接度[11]（图6-7）。判断"脚踏石"系统是否稳定的重要因子是其
连接性程度的高低，高度连接性的脚踏使系统具有类似于廊道的
作用，提供许多小型生物在空间中移动的特殊功能[12]。景观生态
学认为，一个以"簇群"模式发展（cluster development）的"脚
踏石"系统，是一种最为稳定的系统[3]。

　　相对于城市绿地，城市边缘区内的人工建设绿地往往走向两
种极端，要么是粗略低俗的设计与不经心的养护管理，要么是精
心打造，用来吸引市民搬迁；并且地块各自为政，没有统一的评
价标准。这往往与政府对待用地的态度与管理方法以及开发商的
行为相关。针对这种情况，在进行边缘区绿地建设时，首先要结
合现有的绿地情况，进行总体的规划部署，在保证生态"脚踏石"
系统连贯性的基础上，优先确定绿地的总体布局，来约束建筑用
地的无序开发，并优化现有绿地，如加强养护管理、合理配置植
物增加其生物多样性、完善绿地功能等。

　　位于澳大利亚维多利亚省的墨尔本市，土地面积为8806km²，
城市的主要产业为艺术、教育、旅游、港口和汽车工业。30年
前，为了保护农业活动和重要的区域自然地貌和资源，政府在市
区的主要公路和铁路沿线的经济发展区之间，规划了楔形绿地。
目前，墨尔本面临着城市扩张和人口激增的难题，城市的可持续
发展面临着挑战。

　　2002年，政府为墨尔本的可持续发展制定了一个长期战略规
划，《墨尔本2030》正式出台，目的是通过重新规划城市尚未开发
的土地以及活动空间，防止城市占用周边的农村用地，保持和发

展地区的宜居性，同时为城市化提供充足的用地[13]。"绿色边界（green wedge）"方案在《墨尔本2030》中提出，要解决城市无序的扩张和控制其增长边界。方案中将墨尔本建成区周围被选中的地块或楔形绿地进行保留与开发，内容包括：农业用地，如园艺市场、葡萄种植区、水产养殖区、农场林业和大规模农场；自然区域，如河流流域；开放空间网络，开发旅游和休闲项目；基础设施场地，如机场和污水处理厂、主要市场周围的沙石开采工业等，通过对这些用地进行保护和恢复以及景观开发，共同构成墨尔本城市边缘区绿色空间，控制城市扩张[14]（图6-8）。

（4）依托自然水系建立复合生态网络的生态水廊道

水是一种连续体，河流廊道作为水的载体，是大自然中的连续体，这个连续体也承载着诸多的生命。因此，在城市边缘区内，可以通过构建生态水廊道，把孤立的水体与自然残余斑块联系起来，同时通过水体与城市河道连接，将生态流输入城市。

水是自然力的一个重要因素，人类在多年的治水经验中，在处理市政河道的建设方面形成了一些固定范式，然而有些范式并不生态，为城市带来了更大的压力与灾难。城市的雨洪管理使

图6-8 墨尔本周边绿色空间[14]

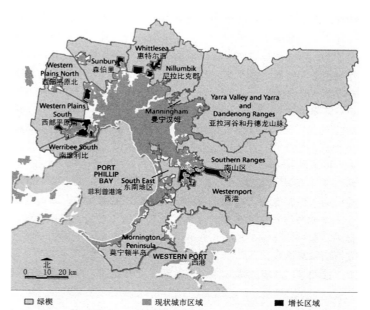

□ 绿楔　　　　　■ 现状城市区域　　　　■ 增长区域

得我国大部分的城市河道都是硬质驳岸、水泥护堤，并且裁弯取直，使得曾经水草丛生的自然河道变得寸草不生。由于没有了植被的净化，加之水流过程的缩短，使得水道丧失了自净能力与蓄洪能力，从而增大了洪水的突发性与灾害性。

城市边缘区内的河道一般多为自然河道，具有良好的原生性。随着化工工厂的入住、建成区的开发以及农业化肥的使用不当，使得部分河道受到不同程度的污染，甚至出现干旱断流的情况。因此，在进行边缘区河流廊道建设时，既要吸取城市对河道处理的经验教训，又要遵循生态学原理，采用生态的手段，对河道进行修复和完善，在保留其原生性的基础上，进行生态水廊道的开发建设。

首先，对自然区域的水源地进行重点保护和恢复，增加地段的蓄水能力，消除各种人工的干扰和污染，促进水的垂直流动，通过完善植被和土壤来涵养水源。

其次，梳理区域水脉，形成从水源地到城市的连续体，必要时可以通过人工手段，将水系贯通，形成河道网络。并根据需要结合农业生产的灌溉需求，改良人工引水渠，恢复河流与周边用地的地域特征。根据水的流动，增加河道曲折度，加长岸线长度，减低流速，增强河流与地下水的相互渗透补给，形成有利于水平方向和垂直方向的流动条件。

第三，模拟当地水道生境，在河道两岸补种乡土植被，完善河道的生物多样性。同时，严格阻止污染物的排入，在保证当地生物不被干扰的前提下，结合景观设计，丰富河岸景观，为人们创造良好的休闲空间。

例如美国Brays河流走廊设计项目，包含了从布法罗河口到东部的Braker水库的河岸边长达约50km的休闲与开放空间带，是一种城市设计策略，包含了对Brays河防洪管理、解决城市设计策略、栖息地保护、美观、文化内涵提升等方面的内容。设计的目标为减少洪水泛滥、建立高质量区域开放空间的联系、提升和丰富河流长廊生态系统以及教育和服务于住在河流一侧的居民。

Brays项目由美国联邦政府与当地政府合作完成，通过拓宽从Fondren到河口的河道，建立区域滞洪区对河流进行整治，并利用河道收集附近区域的雨水，同时结合绿色道路的修建以及景观设计，提升河流空间，在河边形成连接的教育与休闲空间[15]（图6-9）。

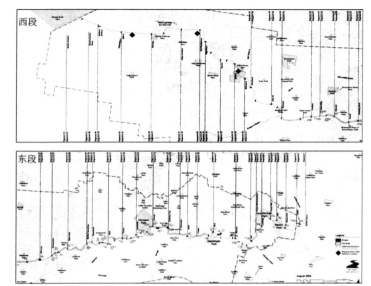

图6-9 Brays 绿道规划
平面图[15]

（5）结合道路体系建立复合生态网络的绿色道路廊道

随着城市的发展，道路修建成为城市边缘区开发的先行军。宽阔的道路将城市边缘区分割得四分五裂，使其内部生态景观破碎，动物迁徙径路被阻隔。依据一些道路生态学家的研究，大多数地区的交通网络均呈现一种格状模式，在产生地景截断效应的同时，也对地景的碎裂化程度造成改变。道路密度以及生物多样性的相关性，已经在近几年许多有关道路的生态影响研究成果中逐渐获得实质上的支持。研究发现，随着道路网络密度的增加，许多动物出现及活动的几率明显下降。根据福尔曼（Forman）等人的研究，道路密度超过0.6km/km²的地景时，较大型的哺乳动物出现的概率将大为降低，道路密度超过2～3km/km²时，对于该地区的径流量将产生显著的影响[16]。此外，非人性化的道路设计缺乏人文关怀，只注重机动车的出行方式，自行车道不完善，让自行车与机动车共用车道，这增加了出行的危险。

当发达国家意识到交通与生态发成冲突的时候，在20世纪80年代，美国提出"绿道"概念并展开建设，它提供给人们接近居住地的开放空间，连接乡村和城市空间并串联成一个巨大的循环系统[17]。绿道的建设融合了生态学、社会学、经济学等多个学科，强调建立非机动车道，将机动车道埋入地下，重新在地面上恢复绿色廊道和步行、自行车空间，涉及的范围从社区游憩绿道建设，到市域的绿道网络规划，直至全美的绿道系统规划[18]。加拿大有一条横贯整个国家的绿色的自行车道，整体畅通无阻。进入20世纪90年代后，世界各地都展开了绿道的建设。

中国的城市还处于快速扩张阶段，因此，在进行城市边缘区绿色空间规划时，就要避免重蹈城市的覆辙，可以通过构建绿色道路廊道完善城市边缘区绿色空间形态。

首先，在城市边缘区内建立生态环保的机动车道路体系，逐渐将都市原有的汽车道路优先的空间发展，转向大众运输为主的发展方向，特别是轨道交通。在建立整个交通体系时，要充分考虑生态系统的连续性，并将绿色空间与机动车道路相结合，纳入平行向或垂直向的生态廊道，保证野生动物的迁徙路线与生物流的流通。结合轨道交通节点综合规划绿色道路空间，为未来城市发展提供弹性可能。其次，规划独立的非机动车道网络，如环保自行车道、休闲步道，连接城市边缘区绿色空间内的各要素以及住区、办公地点、学校，形成更大的网络，这样有利于自然系统与出行环境的相互整合。

（6）规划文化景观廊道，延续城乡文化脉络

任何一个地块都有其独特的历史，在城市化浪潮中，城市边缘区内原有的本土文化受到城市化的冲突是不可避免的，一些古村、古迹，传统的生活方式也会受到城市现代化的影响而失去其原真性。从文化遗产的性质来看，延续古镇生活、市场功能等乡土文化是保护历史文化的关键。借由城市边缘区绿色空间网络的构建，在城市边缘区内建立文化景观廊道，通过景观的形式将重要的文化古迹进行保护，形成集生态、休闲、教育与文化遗产保护等功能为一体的线性廊道。

对于城市边缘区内现有的古镇、古村的保护，可以通过以林地、农田、河网等景观要素建立隔离廊道，形成缓冲空间，将古镇、古村与新建用地相对隔离的方法。形成网络的绿色空间成为古村、古镇的保护层，避免古村、古镇等文化遗产被城市化侵蚀以及产生孤岛化现象。这样不仅保护了文化景观的原真性，同时保护了城市边缘区绿色空间景观的完整性和连续性。

2. 与城市绿色空间衔接，将自然引入城市

（1）边缘效应论与空间曲度形式

边缘效应在生态学中的定义是指"由于交错生境条件的特殊性、异质性和不稳定性，使得毗邻群落的生物可能聚集在这一生

境重叠的交错区域中，不但增大了物种的多样性和种群密度，而且增大了某些生物种的活动强度和生产力"[19]。邢忠在自然生态学中的定义的基础上，将城市地域中的边缘效应定义为：异质地域间交界的公共边缘区处，由于生态因子的互补性汇聚，或地域属性的非线性相干协同作用，产生超于各地域组分单独功能叠加之和的生态关联增殖效益，赋予边缘区、相邻腹地乃至整个区域综合生态效益的现象[20]。

边缘效应有正负和强弱之分，好的空间格局、适宜的资源利用以及环境的保护会使边缘效应向正方向发展；否则，两者都会被破坏，或者只有单个受益。因此，发掘和有意识地创造最大的边缘正效应，抑制、削弱边缘负效应危害，是城市规划与设计师的职责。

边缘效应是城市生态系统趋利发展的必然产物，同时，它的存在又影响着城市的发展。在城市边缘区进行绿色空间景观生态规划时，可以充分运用边缘效应，开拓边缘、利用边缘、调控边缘，向正方向发展。通过生态规划设计，将单一的地域生态单元组装成一个有机的生态系统，在人与自然高度和谐的基础上，把社会和经济的可持续发展与环境的保护与改善联系起来，成为城乡规划与发展的准则，从而达到"产生超越各地域组分单独功能叠加之和的生态关联增值效益"，构建人工环境与自然山水的生态关联和空间整合，实现城市边缘区绿色空间的景观环境、视觉感受与生态效益的提升。

热力学第二定理认为，斑块的曲度形式越高，代表其边界越复杂，凌乱度越大。同理，城市的曲度形式越高，则代表该城市斑块的边界与周边自然基质之间的互动更为频繁，自然度也越高。现实世界中，由于人类的介入，使得许多稳定发展的城市的边界与形式倾向于平滑。基于这个原理，许多学者提出"引入自然"的想法，因为城市与自然的界面出现的凹凸越多，意味着城市与自然交错越多，人类亲近自然的机会就会越大。

1998年，法里纳（Farina）进行了边缘界面的曲度变化与其相应的土地嵌合体的复杂度的试验，通过将被观察的范围内斑块的周长和斑块的面积分别取对数后进行回归分析，得出若碎形向度指标D趋近于1，代表该土地嵌合体的斑块接近于圆形或方形；若趋近于2，则表示该土地嵌合体的斑块为不规则或边界复杂度极高的形状[21]（图6-10）。

简单
$D=1.006$

边界复杂
$D=1.139$

复杂
$D=1.139$

（2）将自然引入城市

由边缘效应理论与空间曲度形式的验证可以看出，要想提升城市边缘区绿色空间的生态性，就应在规划阶段，设计有曲度的自然边界，增加建设用地与绿色空间的接触面积。如果将这个原理应用在更广的尺度上，即在区域规划中，将城市边缘区绿色空间形成的生态廊道渗透到城市内部，与城市绿色空间连接，并增加其自然曲度形式，就能够将来自城市边缘区绿色空间的自然能量输入城市，提升城市边缘区绿色空间的生态功能。

在城市边缘区绿色空间的景观规划设计中，利用边缘效应的层次性、渗透性，加长有效接触边缘，对空间内的水系进行生态整理与疏导，保留其自然形态，贯穿各个功能区；对山体绿地进行保护和利用，构建绿色网络，渗透到各功能区，与城市绿色空间相连接；最终塑造出山、水、城相互呼应的生态景观格局。在规划时应当注意，绿色空间的引入不应该只是为了连续形式而生硬连接，而应改成为城市生活提供更富有活力的场所。

加拿大多伦多滨水区Port Lands河口规划方案致力于将城市与自然进行有机结合。该规划设计包含了城市发展、自然生态和多伦多46hm$^2$的工业滨水区[15]。规划勾勒出了一个富有活力的多功能滨水区和滨水住宅区，通过将景观设计、生态保护和城市设计的目标相结合，取得了一个富有成效的改造（图6-11）。

与以往的城市规划不同，Port Lands河口规划更多考虑的是将城市边缘区绿色空间内的自然引入城市。项目场地曾经是五大湖区中最大的一个湿地，在20世纪早期被填平，原有的河口已经偏离了安大略湖，并遗留了一些工业设施，但规划时场地内仍有大面积渗透性弱的地表层与一条运河，这些为重新塑造生态环境提供了条件。河口规划基于生态设计原则，充分挖掘当地的历史

图6-10 碎形向度指标D所显示的三种不同嵌合体的碎裂程度[11]

图 6-11（左）Port Lands
河口规划平面图 [15]

图 6-12（右）将自然
引入城市 [15]

文化与生态潜力，将现有景观、交通系统和城市环境等元素重新配置，通过挖掘沉积物拓宽了河道，提升了河流功能，同时解决了材料问题，塑造了具有当地特色的景观。设计师遵循自然的曲度，模拟河谷地形建造滨水公园，与原有湿地和城市内部开放空间相连成一体，为城市居民提供了更多的活动空间，河流湿地的生态优势也得以展现。

改造后的Port Lands河口通过生态设计与空间的塑造，将城市元素和自然元素成功地在场内实现复杂的系统转换，不仅创造一个更为丰富的场地生态环境，连接了原有湿地，也为多伦多城市发展带来了积极的影响（图6-12）。

3. 创建弹性的发展框架

在传统的城市规划中，人们惯用的行事风格是所谓的"命令和控制"的方式，就是通过控制或支配一个系统的某些方面来获取最大的效益。这使人们相信，我们能够让一个生态系统处于一种"可持续的最佳状态"。然而，自然界并没有按照我们的规划运行，生态系统内部结构错综复杂，在发展过程中，其自身能够不断调整和自我适应。虽然我们能够让系统的某些部分保持一定状态，却无法掌控整个系统。人类善于在短期内优化利用资源，却不善于在较长的实践跨度内进行经营。要想做到后者，需要有系统的思考能力，弹性思维正是一种系统思维，能够应对这种长期的不稳定变化。

（1）弹性与弹性思维

弹性，是指一个系统遭受意外干扰并经历变化后依旧基本保持其原有功能、结构及反馈的能力[22]。弹性思维为人类提供了一个途径，让我们准确地认识到是什么在推动和支配着与我们息息相关的事业或组织。它涉及如何正视一个与阈值相关的系统，即系统是否正在接近一个阈值并有可能跨入它进入一个新的态势，哪些因素会驱动系统接近这一阈值，是经济的、社会的还是环境的因素，弹性思维主张理解和欣然接受变化，而不是一成不变。

（2）弹性框架与"设计生态"

城市边缘区是城市建设活动的高发地区，在时间轴线上有强烈的不稳定性，稍不注意，就会丧失大量宝贵的自然资源。在进行城市边缘区绿色空间复合生态网络构建时，也要将城市边缘区动态发展的特性考虑在内，结合城市发展政策、目前人口分布、经济发展等综合因素的分析，了解目的城市发展方向及现有城市边缘区的城市化程度，对城市边缘区发展进行预测，在重要节点处优先划设绿色空间，形成城市边缘区绿色空间的弹性框架。这种弹性框架能够经受城市边缘区的各种突发事件，为人们的现在及将来提供能够维持高品质生活的空间。

在构建弹性框架时，应在充分分析的基础上，优先保护城市边缘区珍贵的自然资源，并合理地增添绿地，进行正向干预，结合城市边缘区绿色空间的其他要素，共同创造具有弹性的城市边缘区绿色空间。弹性框架规划的关键，是构建一个生态化的空间架构，使其自身能够不断随着时间进行调整，并对周边用地起到良性的回馈效应。

在进行弹性框架考量时，有以下几点需要注意。

首先，不能孤立地看待生态系统或是社会系统，它们之间的紧密联系意味着我们不能忽视它们之间的反馈作用。

其次，当考虑目标空间的弹性时，要知道其正处于适应性循环的什么阶段，在当前阶段，什么样的干扰是恰当的，什么样的干扰是不恰当的。

第三，确定实施干预的重点，以避免系统向我们所不希望的态势转变。设计或修改现有的管理结构来确保主要干预措施能够在适当的尺度和时间内发挥作用。

第四，当系统已经进入一个我们不希望的态势时，要早早认识、接受它，并迅速行动起来，进行转型，以更强硬的生态技术手段介入，改变其不良态势。

加拿大多伦多Downsview公园所在地为一个废弃的空军基地，由于城市的扩张，公园附近面临着性质的转型，将成为未来城市中心。1999年，政府决定在此建造公园，并以竞赛的方式来寻求最佳方案。库哈斯团队的方案"树城"（Tree City）赢得了竞赛，方案以一系列的阶段性策略来指导公园的建设和形成，其中包括"牺牲与拯救+公园生长+人造自然+千条小径+安排在职+目标与发散=低密度的都市生活"[23]。设计者放弃了传统设计路线，希望用"树木代替建筑"，通过自然植被向周边的延伸，在城市中创造密度，这使得方案没有被公园的界限所束缚，而是延伸至更广的区域。方案把公园看作一颗植入区域内的有生命力的"种子"，用植被的生长代替建筑，成为区域内的秩序元素，这种"绿色蔓延"（green sprawl）使公园连接区域内的其他绿色空间，最终整个城市成为一个公园（图6-13）。

图6-13　"树城"方案[23]

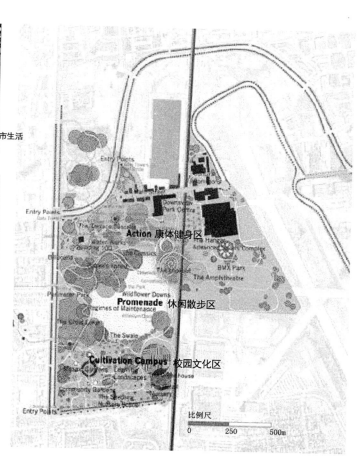

设计理念

路径规划

总体规划

平面图

"树城"方案是一个具有弹性的方案，由于场地本身的未来发展就蕴含着不确定性，设计者更加关注的是整个区域的发展过程而非结果，而场地内部自然生态系统已然严重退化，其生态恢复需要一个长期而复杂的过程。而这种弹性的规划设计方式，会随着时间的推移而更具适应性，并通过自然过程的演进和区域城市化的发展而逐渐形成与当地融为一体的环境。

### 6.3.4　构建生态产业

产业系统被视为生态系统的一种，也可以用物质、能量、信息和流动与分布来了解，因为人类整个产业系统所需的资源来自生物圈，两者无法分割[24]。与自然系统相比较，产业系统中物质的合成与分解速度已然失去平衡，需要透过各种政策与技术的手段来改变这个失衡的关系[25]。城市边缘区内有着大量的农林产业，一些工业园区也选择建立在边缘区内，近些年的城市边缘区旅游产业也逐渐兴起。这些产业对城市边缘区环境及发展方面产生了一定的影响。可以通过城市边缘区绿色空间的建设，对其进行良性引导。例如开展特色的绿色产业、文化产业以及休闲产业，将生态与经济进行整合，对提升边缘区的生态效益与经济效益具有重要意义。

#### 1. 城郊型新农业

城市边缘区内存在大量的都市农业，由于经济利益的影响，使得大量的农用地转为非农用地，如果不进行合理规划，都市农业将会无立足之处。对于城郊农业用地的规划，各国的发展表现出不同的特征，着重点也不同，日本的农业强调发挥其人文、教育、生态的综合功能；新加坡在国土内保留10.2%的农业用地，通过培植构建高科技农业产业群，将都市农业发展为成长型产业，使得经济与生态效益兼收；荷兰以都市农业闻名，其国家主要产业为设施园艺与畜牧业，具有高度现代化与集约化的特征，并且其生产水平、产值和出口份额都位居世界前列[24]。

我国地大物博，是以农业为主要产业的国家，在过去城市规划与土地开发的决策过程中，仅考虑了市场面向私人获利与效益的部分，而放弃了许多绿色发展可能带来的社会效益。实际上，城市边缘区由于其与城市的特殊关系和地理位置，可以改变其传统的农业耕作模式，积极发展多功能化、高度集约化的产品型农业、服务型农业和体验型农业。

（1）产品型农业

随着现代科技与管理的运用，城市边缘区农业在为城市提供农副产品方面具有高产、优质、高效等优势，能够培育出品质优良的产品，满足人类健康生活的需求。这些都优于传统乡村农业。作为城市的物质和能源的补充基地，城市边缘区农业开发仍应保留其以蔬菜、名优苗木花卉和果品以及特色养殖为主的产品型农业结构，在此基础上，大力推进农业产业化的进程。通过引进高新科技成果、加强与非农产业的结合、改变传统的耕作模式、提供丰富多样和突出地方性的物质产品，如无公害、无污染的绿色食品、反季节蔬菜、地方特产、观赏花木等，也可以考虑多种经营模式，如在互联网的支持下，农民与城市居民直接进行农业合作，为其提供高质量、无污染食物，恢复农民和消费者之间的友好关系。

（2）服务型农业

可以利用农业的自然属性来提供服务型的产业，为需要农业经营活动以及农业生产活动提供场地与技术，如为科研项目提供科研基地、农产品加工技术等，也可以为市民提供体验型服务，如将土地租赁给城市居民，进行耕种、绿化及饲养动物等。服务型产业属于商品性质的活动，其目的是出于经营的需要，而不是为了自我享受。大多数的租赁式农地的耕作面积有限，承载不了大型的农业设施，但可以利用现代工业成果来弥补不足。

（3）体验型农业

在城市边缘区为市民提供以体验农业活动为主的、非营利的体验型农业。其中包括在城市边缘区绿色空间开发时，保留原有农业用地机理，设计农业体验区，开发家庭园艺、市民农园、儿童农园、老人农作园、农业观光园、采摘园等休闲观光处，开展让人们能够亲自体验农业劳动的活动，如播种、除草、采摘、简单加工等。也可以将农业引入社区及办公用地，如社区农业景观结合生产、办公建筑结合农业，激发当地人不同的体验兴趣。这种农业活动在我国尚处于萌芽状态，许多设计师已经将其应用在一些绿地设计项目中，加强绿地的不同使用功能，为人们提供更多的活动项目。

越南村城市耕地项目位于美国奥尔良东部，是一个越南裔社区，早期这里的越南人在自家花园内栽种本土没有的水果与蔬菜，并出售给他人。由于受到飓风袭击，社区被严重破坏，设计的目的是帮助社区设计与重建基础设施系统，支持城市有机耕地的发展（图6-14）。

越南村庄　平面图

中央蓄水池
社区亭
中心木板路 / 线性市场
儿童游戏区域
街头人行入口
公共车辆入口
第二个蓄水池 / 市场池塘
市场建筑
市场径流的雨水花园
草地铺设的生态停车场
牲畜农场经营
中央生态过滤运河
商业地块
服务区入口

农场上有四个主要区域：A. 位于教堂和老年住宅区对面的街道的小块区域。B. 依据新城市Olreans的土地租赁安排，市场位于这个地点之后。C.商业地块附近。D.分享房子基础设施和服务道路的畜牧场。

设计的亮点就是充分考虑到了当地居民的传统生活方式，将农业引入社区。该设计在社区内设计了一个市场区域，面积约11hm²，作为社区资源和经济发展的催化剂，还设计一个养殖区域，保留了越南的传统养殖方式，充分利用了多种劳动力资源。市场的建设为该区域内3000多名公众保留了周末或传统节假日的逛街习俗。此外，项目的另一个目标是将本社区内不同年龄层的人们聚集到一起，共同分享传统方法耕种收获果实的乐趣，将耕地文化传播下去，于是将耕地区域作为市区的中心，建立有机耕地标准，使用轻型能源，如太阳能、风能等，同时与餐厅、商店形成良好合作关系，耕地区域不仅为居民提供劳作用地，同时也是当地居民运动和游憩的所在地[15]。

图 6-14 越南村城市耕地平面[15]

2. 特色休闲产业

休闲产业是指与人的休闲生活、休闲行为、休闲需求（物质的与精神的）密切相关的产业，包括旅游业、餐饮业、服务业、娱乐业、文化产业、体育产业等经济形态和产业系统[26]。目前我国大部分的城市边缘区特色休闲旅游的开发利用仍处于较低水平，除了国家政府扶持的大型保护区外，小农经济特征明显，主要以家庭为单位，规模较小、稳定性较差，且一些文化资源面临着被破坏的威胁，没有形成完整的产业链。

城乡边缘区内的休闲旅游依托于优美的自然生态环境，对环境有较高的要求，而边缘区绿色空间的构建，恰恰为其提供了良好的环境基础，因而要发展和弘扬城市边缘区内的特色，就要结合城市边缘区绿色空间的生态规划，走产业化的道路，实行规模经营，同时加大宣传，提高知名度，拉长休闲产业链条。

此外，发展休闲产业离不开配套良好的基础设施，如交通、餐饮、住宿、景区建设、参观游览、娱乐等，以便为人们提供良好的服务。城市边缘区的休闲旅游，通常为短途旅游，服务于周边城市居民，在进行开发时，要保证其具有良好的基础设施，通过完善的基础设施，增强景观的可达性与使用便捷性，从而促进城市边缘区休闲产业的发展。休闲区域的建设也应该体现其生态性，各类旅游建筑和设施应该与周围环境协调一致，旅游施工以不影响环境为标准，将人工干扰降到最低，可以通过应用节能技术，选用清洁能源，如太阳能、风能、水能等，使用节能环保材料、当地材料等方式进行建设，不仅降低成本，还保留了地方特色。在提升基础设施的同时，对当地居民和游客进行环境教育，健全社会的生态文明观，减少人为使用对资源的破坏，从而契合生态文明理念，实现人与自然和谐发展。

城市边缘区绿色空间能够承载的休闲产业类型有以下三种：

（1）娱乐型

城市边缘区绿色空间内特有的景观类型多样性、文化多样性、美学价值和休闲功能决定了其景观特有的优势、地位和作用，为城市边缘区的旅游开发提供了良好条件。娱乐型景观为人们提供基本的供休闲与游憩的场所，如郊野公园、森林公园等，能够让人们充分地与自然亲密接触，感受与城市不同的环境，在旅途中进行彻底放松。

在进行边缘区文化旅游开发时，要避免盲目追求一种模式，而是要具有自己的特色，形成自己的竞争优势，如保留其景观的原真性，根据自身特点体现浓厚的乡土气息与文化底蕴等，这样的景观在内容和形式上充分体现出与城市生活不同的文化特色，更贴近自然、民族、历史与乡土风情，让游客找到回归自然、回归历史的感觉。诸如采摘园、农业观光园、农家乐等旅游形式已经在我国城市边缘区开展，但这些特色娱乐型产业仍需规模化与规范化。可以在重点项目建设、品牌培植、市场主体培育、乡村景观资源的市场价值挖掘等方面进行提升，并将用地开发融合于优美和谐与平衡发展的生态环境中，从而实现经济和生态的双赢。在这个方面，北京市周围的几个郊区做得比较成功，如怀柔、昌平等。

（2）文化型

近年来，中央政府对文化产业的发展越来越重视，出台了一系列的政策措施，鼓励和支持文化产业的发展。十七大的报告中提出，要大力发展文化产业，"通过实施重大文化产业项目带动发展，加快文化产业基地和区域性特色文化产业群的建设，培育文化产业骨干企业和战略投资者，繁荣文化市场，增强国际竞争力"。

城市边缘区拥有良好的自然资源，千百年来，在这里形成了独特的地域文化，如传统村落、历史遗迹、宗教文化设施等，这些都是历史的积淀，是宝贵的文化财富。有些文化资源由于疏于管理或保护不当被掩埋在城市边缘区内或因用地开发而被破坏。

在进行城市边缘区生态产业构建时，应该充分重视这些历史的积淀以及不同地域的文化，对现有的文化资源进行保护和修复，利用城市边缘区绿色空间中的文化景观廊道，发展文化旅游产业，将城市边缘区内的文化资源优势变为文化产业的优势。这不仅能够将当地历史文化及民俗文化进行保留，还让这些文化资源重新被世人熟知，形成一种绿色的、生态的文化产业链，从而实现产业结构优化、产业间的均衡和可持续发展。

在发展城市边缘区文化旅游产业的时候，要树立科学的发展观，不能一味追求经济效益上的短期效益，出现文化资源浪费和掠夺性的开发，破坏文化生态环境。在进行开发时，需要加大对地方特色文化资源的保护力度，对濒临破坏的文化遗产要加强保护。

（3）科普型

不同于城市开放空间，边缘区的绿色空间以农田、大面积的林地及自然保护区为主，因此在进行绿色空间构建时，除了要注重对其进行严格保护和生态恢复，也可适度开发。开发其生态休闲观光等功能，如建设湿地公园、自然保护区、地质公园等。并结合基础设施的建设，进行科普展示教育。

位于新界西北部、天水围新市镇北部的香港湿地公园就是一个成功的科普型案例。湿地公园全园占地约61hm²，其中，为野生生物而营造的户外再造生境约60hm²。其原址是一片普通的湿地。

香港政府在建设水围新市镇的同时，将此处的自然资源进行了保留和保护，以湿地公园的形式禁止其他用地的开发破坏，并将湿地公园打造为一个集自然保育、大众教育、生态旅游等多功能于一体的世界级旅游景点。香港湿地公园在科普教育展示上做足了文章，并取得了很好的成效。除了天然的湿地生态展示外，其入口服务区内还设有三个大型的展馆，用橱窗展示、动画模拟、场景互动、电影等方式，创造全方位的视听体验，让人们在玩乐的同时，了解湿地的科普知识。湿地公园极大地缓解了快速城市化与生态保护之间的矛盾，推动了城市健康、快速、持续的发展，同时为国内城市湿地公园的建设提供了参考（图6-15）。

3. 生态工业

城市边缘区内有廉价的土地，伴随着城市的发展，一些大型企业选择在其中建立自己的园区，因此，边缘区内存在大量的工厂。这些工厂因经营内容不同，使用的设备不同，所形成的形态也各异，使得边缘区地块具有明显的工业特征，由于管理不当，一些工厂的污染物排放给城市边缘区的环境带来了一定的影响。

产业生态学（industrial ecology）[25]是强调技术革新有能力解决当代工业社会与环境之间冲突的一个研究方向。它的发展基于传统的工业工程、环境工程、化学工程等专业，认为排放端的污染控制手段已无法根本解决产业系统对自然环境的持续污

图 6-15 香港湿地公园室内科普展示

染与破坏，一些研究转而关注工业生产的过程，经由清洁生产
（clearner production）的技术革新来解决工业与环境的冲突[25]。
一方面，发展清洁生产的环境科学可作为一种解决问题的规划工
具，另一方面，强调清洁生产和经济发展的关系，以新的环境管
理工具来改善当前经济活动与生产过程不能和环境相配合的矛
盾。按照循环经济理念、产业生态学原理及清洁生产要求来规划
和建设的生态工业园区（Ecological Industrial Park，EIP），成
为现代工业园区规划建设的趋势。在生态工业园区内，企业成员
之间可以通过副产物与废物交换，物质、能量和水的逐级利用以
及基础设施共享等手段来实现园区整体环境效益与经济效益的双
赢。因此，在城市边缘区内，应该合理规划工业园区，鼓励进行
生态工业园区的开发建设，通过营造良好的景观塑造园区形象，
通过清洁生产技术减轻环境污染，进而提升边缘区的综合质量。
在园区规划时，可以从以下几点进行考虑：

（1）构建生态产业链

生态工业园区建设必须首先要让成员间在物质和能量的使用
上形成类似自然生态系统的生态链或食物链，从而实现物质和能
量的封闭循环和废物最少化，此外，供需的稳定性均是影响 EIP
发展的重要因素，特别是废物、副产品的供需关系影响到园区的
废物再生水平，因此，也要让园区成员之间具备市场规范的供需
关系以及需求规模。

丹麦卡伦堡工业共生体是目前世界上最早也是最为成功的工
业生态系统。从20世纪70年代卡伦堡工业体创建伊始至2000年，
经过三轮的调整和完善，其生态产业链从单一的一对一模式，
发展到七条产业链的多对一链接、混合链接，即Statoil精炼厂
将冷水用管道送给Asnaes电厂用作沸腾炉原料进水（1987年）；
Asnaes火电厂使用盐冷却水的废热进行鱼产品加工（1989年）；
Statoil精炼厂将处理过的废水送给Asnaes火电厂使用（1991年）；
Statoil精炼厂送脱硫废气到 Asnaes火电厂，开始利用副产品生
产液体化肥；Asnaes火电厂完成烟道气的脱硫项目，向Gyproc供
应硫酸钙（石膏）（1993年）；Asnaes火电厂建造再利用池收集水
流供内部使用并减少对Tisso湖的依赖（1995年）；A/S Bioteknisk
Jordrens土壤修复工司使用下水道的淤泥作为受污染土壤的生物
修复营养剂（1999年）[26]（图6-16）。

（2）合理布局生产区、生活区与景观区

由于生产区是园区物质交换和能量流动最突出的区域，也是

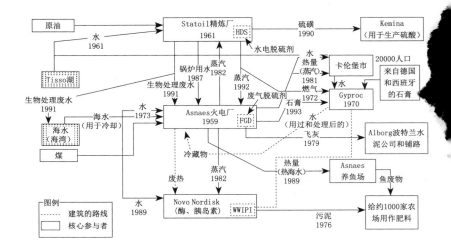

图 6-16 卡伦堡生态
工业园产业链链接关
系 [26]

园区废弃物（废水、废气、废渣）的主要出处，因此生产区布局
是生态工业园布局设计的核心，它的好坏直接影响到整个园区的
运行效率和产生的经济利益。产业链耦合得当，园区废弃物可以
完全被另外一个企业当作"原材料"所利用，可以将关系密切程
度高的企业作业单位紧邻布置，密切程度低的相对较远布置，再
结合实际用地面积、企业几何形状等因素来确定园区整体布局
方案。

　　园区生活区要满足生活在厂区的人们对商业、休闲、文化的
需要，同时要与生产部门有很好的联系。在规划时，应该注意园
区生活区所在位置与其周边地区的联系，尽可能使生活区绿地与
园区景观区绿地衔接，连接成连续的开放空间或绿地。另外，在
住区规划中，要注意对生活区边界的设计，寻求利用自然要素的逐
渐渗透，在生活区边界建立绿色缓冲带，将其与生产区进行隔离。

　　景观区是生态工业园区的绿色基底，位于城市边缘区的生态
工业园区，在初始地规划时，应合理开发利用现有的山、林、
田、河、湖等环境资源，适当保留丘陵和湖泊，保护当地的生物
多样性，以园区内的自然组成作为生态环境质量的控制组分来建
设，尽量维持和恢复已有的生态过程和生态格局的连续性和完整
性。此外，通过合理组织路网和景观节点，提升环境质量，促进
生态工业园区结构布局、组织功能与自然景观的协调一致，实现
园区生态环境的良性循环，创造独特的生态工业园区形象。

　　苏州工业园区地处苏州城东金鸡湖畔，行政区域面积288km²，

下辖三个镇，其中中新合作区规划面积80km²。自1994年建设至今，园区以占苏州市3.4%的土地、7.4%的人口创造了15%左右的经济总量，并连续多年名列"中国城市最具竞争力开发区"排序榜首，走出了一条集"科技创新、经济循环、资源节约、环境友好"为一体的新型工业化发展之路。

园区的建设目标是成为具有国际竞争力的高科技工业园区和现代化、园林化、国际化的新城区。园区规划环金鸡湖中央商贸区、苏州物流中心、中新科技城、国际科技园、阳澄湖休闲旅游度假区六个片区，形成"三大板块、两大门户、一个基地"的发展布局。其中生产区位于中心，按生态补链原则引进关联企业，构建工业共生网络，促进产业结构生态化，已初步形成了半导体、光电一体化、精密机械和新材料等为核心的产品和产业链，通过静脉产业链的构建，实现废物再利用和资源化产业集群化，积极推动区域动脉产业与静脉产业协调互动发展[27]。生活区环绕生产区，便于人们到达。依托苏州水网体系建成的金鸡湖片区和阳澄湖片区，涵盖了沙湖生态公园、白塘生态植物园、方洲公园等一批生态公园和公共绿地，构成了园区的蓝绿景观基底，为生活区提供优美优质的环境（图6-17）。

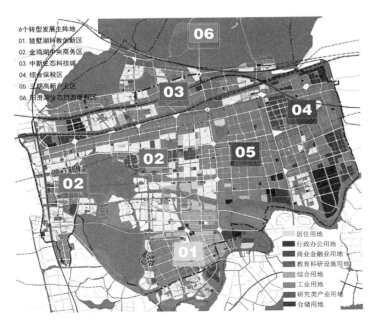

图 6-17 苏州工业园区用地图[27]

（3）推广绿色建筑和节能环保材料

在园区建设时，也要结合产业性质，推广绿色建筑的建设比例，减轻建筑对环境的负荷，为工人和住户提供安全、健康、舒适性良好的生活空间。一些厂房可以利用绿色屋顶、垂直绿化等技术，将建筑与自然环境亲和，做到人、建筑与环境的和谐共处、永续发展。此外，在材料选择上，也可根据产业内容，选择节能环保材料或可回收材料，实现能源和资源的节约。

## 6.4　规划的促成机制

城市边缘区绿色空间是由多种综合因子构成的复杂系统，受到多方面的因素影响，具有复杂性。在进行城市边缘区绿色空间景观生态规划时，会涉及多学科的研究领域。而目前我国对城市边缘区的管理还不够规范，为绿色空间的构建形成巨大的阻力，这需要政府的大力支持，并发挥主导作用，在决策层面进行引导，并制定相应的法律法规，多管齐下。城市边缘区绿色空间是服务于市民大众的，与每一位居民都息息相关，需要考虑社会公众，调动市民在意识上和行为上的积极性，得到社会的认同。

因此，城市边缘区绿色空间的景观生态规划需要从规划技术层面、政府层面以及公众层面综合考虑，将各种复杂性因素转化为有利于城市边缘区绿色空间构建的驱动力，从而保证城市边缘区绿色空间的景观生态规划可以顺利实施。

### 6.4.1　规划技术层面

1. 加强对绿色空间的重视

对于城市规划者而言，首先应加强自身的素质修养，通过不断学习先进的规划思想，结合本国国情，进行符合我国现状情况的规划创新；其次，在进行城市边缘区规划时，要以整体的思维看待区域内的社会、生态与经济之间的关系，把可持续发展的思想贯彻规划始终；第三，通过翔实的调查咨询与实地考察等方式，对现状区域进行全面了解，从长远着手，优先考虑对现有自然资源进行保留和保护，具有绿色先行的思维意识，优先确定城市边缘区绿色空间的范围用地；最后，在进行规划时，也要不断地论证与修改，这样才能保证城市边缘区绿色空间规划的合理实施。

2. 实施多学科、多部门合作

城市边缘区绿色空间的创建面临的问题复杂，会涉及不同的科学领域，如农学、林学、经济学、生态学、水土保持学、土地学、地理信息学等，仅凭借景观规划师单方面的力量是难以实现的，应针对城市边缘区的现状情况及其预期的规划目标，判断可能涉及的专业领域，以此为基础，建立一个由多学科领域人员共同组成的团队，进行多学科合作，以此来确保边缘区绿色空间建设目标的实现。

同时，在项目进行时，也要同各个管理部门之间进行合作，如农业部门、林业部门、土地管理部门、环境保护部门、水利部门等，要加强各部门之间的交流，使其对绿色空间有整体的了解，确保项目的顺利进行。

3. 结合科学技术实现生态规划

"景观与技术一直以来就存在着不可分割的关系，准确来说，是技术决定了景观的改造手段和能力"[28]。随着现代技术的发展，其早已成为景观实施的基础和保证，并加强了利用景观去处理复杂现实问题的能力，拓宽了景观实践的领域。在进行城市边缘区绿色空间建设时，可以应用现代的景观技术、材料来得以更好地实现，但要注重对现代生态工程技术的开发和使用，从而保证人工介入对自然起到良好的促进作用，完善城市边缘区的生态安全格局。

### 6.4.2 政府层面

1. 加强领导层面的决策机制与政策引导，加大资金注入

城市边缘区绿色空间的生态创建，同样离不开政府的大力支持与资助。政府官员自身要有可持续发展意识，在政策方面加以引导，鼓励边缘区绿色空间的建设。

边缘区绿色空间的建设需要依赖强有力的经济基础作后盾，需要大量的资金投入。在经济方面完善政府、企业、社会多元化投融资机制，拓宽资金投入渠道，解决建设资金短缺问题，以保障环境景观建设的顺利运行，并实现生态、社会、环境三者的平衡和最大效益化。

2. 健全法律法规和标准，完善监督体系

立法是边缘区绿色空间生态建设的前提和根本保障，加强立法工作，把城市边缘区景观的可持续发展纳入法制化轨道。我国迄今为止已颁布了《城乡规划法》、《土地管理法》、《环境保护法》、《自然保护区管理条例》、《风景名胜区管理条例》、《水土保持法》、《森林法》等法律法规，以及地方政府颁布的地方性法规

和规章，但对整体生态带的规划、建设、管理则没有制定相应的政策法规，缺乏具体可行的操作办法，应尽快制定环境景观相关法律、法规和规范标准，做到在评价过程中有法可依、有据可查。

在此基础上，加大执法力度，严格执行并加强景观资源开发的规划和管理、运行环境保护与生态恢复治理机制，共同推进城市边缘区绿色空间的保护和建设工作。同时，地方各级政府要结合城市边缘区综合情况，确定重点保护与监管区域，形成上下配套的环境景观监管体系，从被动变为主动，保障建设项目的顺利进行。

3. 合理运用政策，多管齐下

针对城市边缘区复杂的情况，合理运用政策进行引导，形成推动力。可以通过优惠性的政策以及奖惩的方式，鼓励人们进行绿色空间的建设，如进行建筑屋顶绿化的开发者，可以获得减税或适当提高开发的土地容积率等优惠政策；也可以通过法律法规强制推行绿色空间建设，以针对一些行为进行鼓励；政府层面也可以考虑吸取国外的一些先进经验，结合自身特点，对待城市边缘区内的不同问题，使用不同的策略，开发具有特色的管理模式。以下提出几点国外成功的对策和管理模式，可以为目前处理我国城市边缘区绿色空间建设中遇到的问题提供参考：

（1）发展权限移转（TDR）

发展权移转（transfer of revelopment right，TDR）是指在特定的地理范围内，允许土地所有者把其所有土地未使用的发展权移转到其拥有的其他土地上，或是以出售的方式转移给其他的土地所有者，这样他能够继续有限制性地使用土地，同时从出售发展权中获得补偿，而获得发展权的土地所有者，可以高于原有区划限制的高度和容积率开发土地[29]。TDR在政府管理区域土地方面有一定的优势，首先，它从命令管制型的管理手段转变为以市场为基础的土地使用管理手段，这样可以发挥市场的主导作用；其次，TDR在解决制式土地使用分区管制的"暴力与暴损"问题，以及土地开发的私人部门商业利益与地方公共投资成本之间的矛盾等问题上提出了一套办法；第三，TDR为政府提供了一种可以以低成本对大面积区域发展进行保护的有效方法；第四，TDR可以用来保护区域环境内的重要自然资源[30-32]。

TDR的适用范围十分广泛，可以保护历史建筑或地标、保护绿色空间和动植物独特的栖息地等环境资源、控制特定地区的开发强度、保护农田和水源地以及土地开发的社会回馈等。它可以削弱城市蔓延的不利影响，产生更加集约、有秩序的城市增长方式。在美国，至1997年，超过129个不同等级政府实施的TDR计划，其内容从保护环境敏感地区到保护历史街区，再到提供公共房屋，甚至都市的复兴都有所涉及；印度某些地方的土地使用管理制度中也涉及了发展权移转的方法；波多黎各也利用TDR来保护滨海的土地。在进行城市边缘区绿色空间建设时，可以尝试利用TDR来保护耕地和农民集体土地所有权权益，促使土地的集约使用与优化配置。

（2）社区支持农业（CSA）

社区支持农业（community supported agriculture，CSA）是生活在同一地域内、具有共同意识和共同利益的社会群体，由社区的消费者和生产者组成，二者之间建立一种共担风险、共享收益、公平互信（如定价、保证有机种植）的关系，即消费者提前预订生产者所需的农副产品量，生产者进行健康、安全、环保的生产[33]。CSA于20世纪70年代起源于瑞士，后又在日本广泛普及，现在，CSA的理念已经在世界范围内得到传播。

社区支持农业可以作为城市边缘区生态文明建设、生态农业推广的途径，它具有以下几方面的优势。首先，可以促进当地经济的发展。通过CSA的实施，让农民有了稳定的劳作目标，避免盲目生产带来的经济损失，保障了农民的收入。其次，保护当地环境。CSA所提倡的健康生产、生活方式是禁止使用化肥、农药以及除草剂、催熟剂等影响庄稼正常生长的化学药物，这样就降低了河流等生态载体的污染，对当地的环境保护起到了促进作用。第三，CSA重建了人与人之间的信任，尊重生产者，促进了社会的和谐发展。

创建于2008年的小毛驴市民农园，位于北京西郊自然风景区凤凰岭山脚，是由中国人民大学乡村建设中心和北京市海淀区农林委员会共同提出的一个现代农业项目，园区占地130亩（8.7hm²）。小毛驴市民农园借鉴国内外CSA经验，通过建立一套可持续的农业生产和生活模式，推动食品安全、生态文明与城乡良性互动，在运营方式上尽可能实现市民参与。其行动理念是"发展生态农业、支持健康消费、促进城乡互助"，将商业模式、社会责任与可持续发展理念融为一体，重建社会的信任，实现城乡良性发展。经过两年的运营，其消费会员数达到了660户，消费群体以中等收入家庭为主[34]。

小毛驴市民农园是CSA在中国的成功实践，掀起了一波市民农

图 6-18 市民在农园
内参与农作

园与农业观光、采摘园热潮（图6-18），而它的成功之处在于其对
城市郊区农业的转型，通过着力结合第一产业与第三产业，引导
市民参与式的都市农业，实现农业的多功能性。

（3）结合城市事件，推动地区发展

一些大型的城市事件活动对其举办区域的发展具有一定的推
动作用，例如世博会、世园会、奥运会、各种展览活动等，这些
事件需要一定的举办时间和举办场地，政府可以考虑选址在城市
周边区域。在进行场地的开发时，与城市边缘区绿色空间紧密结
合，借由活动的举办，完善绿色空间格局；当活动结束后，举办
事件的场地可以成为公共活动空间或作其他用途。事件的举办不
仅提升了区域的知名度，带动了区域的发展，还完善了城市边缘
区绿色空间结构。

例如2001年德国波茨坦的联邦园林展，展会选址波茨坦中心
城及其周边区域，并选择将城市西北方向上的一座废弃的军用基
地改造成Volks公园，作为展示用地。这个公园的设计由彼得·拉
茨（Peter Latz）主持，该设计师善于植物配置以及对当地传统材
料的保留，为园林展设计了绝佳的场地，展览结束后，留给当地
居民一块新的休闲空间。通过这次园林展的举办，新建的Volks公
园连接了波茨坦周边的绿地系统，形成连续、完整的绿色空间，
同时带动了Bonstedler Feld区域的发展（图6-19，图6-20）。

波茨坦2011德国
GUGA园林展

图例
■ 湖面
■ 历史城区
■ 园林展用地
■ 农田

原有城市公
自然水域
·—— 水上航线
·--· 陆上游线

图 6-19（左）　波茨坦
园林展选址[35]

图 6-20（右）　Vloks 公
园平面[35]

### 6.4.3　公众层面

早在1917年的《马丘比丘宪章》中就已经提出"规划应当以
人为本，积极鼓励公众参与"的规划理念。这就要求规划工作
者在规划的编制和实施过程中积极进行各种有益的社会调查和社
会问题研究，主动接受公众对规划内容的质询，最大限度地保障
公众权益。城市边缘区绿色空间的建立要依靠公众最大限度的认
同、支持和参与。可从以下两个方面具体实施。

1. 加强宣传，形成合力

公众参与是从国外引进的一种规划程序，目前我国城市规划
中的公众参与实践还处于较低的象征性阶段，以政府主导为主；
一些条款的制定显得过于脱离大众，缺乏可操作性。在进行城市
边缘区绿色空间规划时，需要转变观念与制度，通过建立多元化
的投入机制，形成多元利益博弈；综合运用宣传、教育和舆论等
手段，让公众充分了解情况，并鼓励其积极参与，带动全社会形
成以新闻舆论监督、公民监督参与等为主要内容的边缘区绿色空
间的维护监督机制。

在宣传过程中，应当积极推进生态环保理念，开展环境景观
保护的普法和警示教育，加强公众在生态环境法制观念和维权方
面的意识，深入开展有关生态环境的国情教育，提高全民的生态
环境意识，使城市边缘区绿色空间的保护与可持续发展理念深入

民心，得到群众的支持。

2. 规划结合公众参与

公众重视与其自身利益直接相关的事情。在规划时要结合这一特点，对公众关注度进行适当的引导，使其成为一种积极的社会推动力。首先，应当慎重挑选合适的人选进行公众参与，在能够涉及的各个方面及各层次中挑选具有代表性的人员，将参与贯穿整个规划的过程，不能仅限于规划草案形成以后的"听取意见"。只有这样，才能够更加有效地发挥公众参与的自身价值。其次，参与程序应当结合具体的参与事项而设定，根据规划决策中公众参与的目标选择不同的公众参与方式，如参与事项属于价值判断问题，则参与主体为普通民众，其目标定性为利益的平衡与协调；如参与事项涉及的是技术方面的问题，则参与主体应以专家学者为主，其目标定性为专业信息收集。最后，公众参与是以信息公开来实现的，信息的开放性是公众参与城市规划的基础，可以通过政府条文、网络平台、报纸、电视等信息平台，让公众获得各种相关的信息。具体工作内容详见表6-1。

例如美国佛罗里达州级的绿道规划项目，是由风景园林师及规划师带领跨学科专家们共同完成的。规划的基本理念是利用游

公共参与的技术手段与体系[36]　　　　　　　　　　　　　表6-1

| 阶段 | 媒介与手段 | 主要目的 | 对象公众 |
|---|---|---|---|
| 信息公开 | 印刷品 | 信息提供 | 不特定 |
| | 网络 | 信息提供、双向信息交流 | 不特定 |
| | 媒体（电视、广播、报纸） | 信息提供 | 不特定 |
| | 展示板 | 方案展示 | 不特定 |
| 意见收集 | 问卷调查 | 把握意向 | 民间团体、学校、企业、当地居民 |
| | 当面询问 | 询问意见 | 民间团体与非营利组织 |
| | 电子邮件 | 询问意见、双向信息交流 | 不特定 |
| | 电话 | 询问意见、双向信息交流 | 不特定 |
| | 传真 | 询问意见 | 不特定 |
| 讨论与修改定案 | 恳谈会 | 提出议题、接受建议 | 专业人员、居民、有利害关系的团体 |
| | 工作组 | 提出议题、谋求规划意图的一致性 | 感兴趣的居民、专业人员、有利害关系的团体 |
| | 说明会 | 说明规划内容、取得理解 | 地方上的居民、团体 |
| | 公听会 | 交换意见 | 地方上的居民、团体 |

续表

| 阶段 | 媒介与手段 | 主要目的 | 对象公众 |
|---|---|---|---|
| 讨论与修 | 市民接待窗口 | 听取意见、双向信息交流 | 不特定 |
| 改定案 | 讲座 | 提供信息、双向交流 | 地方上的居民、团体 |

憩散步道连接区域内重要的野生动物栖息地。通过利用GIS系统，按照栖息地的重要性，将佛罗里达州的野生动物栖息地分为六个等级，以此为基础，与当地群众和土地所有者进行沟通交流，通过对得到的反馈意见进行修改，最终形成可行的绿道规划方案[37]（图6-21）。

　　为了向更多人解释和推广该绿道规划的意义，官方又绘制了绿道概念图，用简单的图示解释了规划的结构与意义。现在，项目已经建成，并在官方网站上进行公示与宣传，并收集公众的意见反馈。整个规划项目的最大特点是其成功调动了公众参与，协调了当地民众的意愿，最终获得了科学合理并人性化的结果，公众的意愿也成了项目的助推力。

图 6-21 福罗里达州绿道规划[37]

## 6.5　不同城市发展模式下城市边缘区绿色空间的规划重点

前文总结了城市发展的三种类型，即"向外扩张型"、"内部填充型"、"转换核心型"。接下来结合本章讨论的景观生态规划目标、原则、途径以及促成机制，提出我国不同城市发展模式下城市边缘区绿色空间的规划策略。

### 6.5.1　"向外扩张型"城市发展模式的边缘区绿色空间规划重点

1. 合理划定"绿环/绿楔"的用地空间

"向外扩张型"发展的城市边缘区内通常会存在部分原有的自然景观，但这些自然景观大多是破碎的和不连续的。由于绿环与城市外边缘在空间上具有一致性，因此可以通过在城市边缘区构建绿环来集聚自然景观，并通过河流廊道、交通廊道的构建，形成垂直向的绿楔，将自然引入城市。这样建成的"绿环/绿楔"格局，将原有破碎和不连续的自然景观进行整合，形成有一定宽度和广度的环状和楔状的连续生态体系。

同其他廊道空间一样，"绿环/绿楔"的连通性程度与宽度为两个重要的空间属性。从各国城市的实践来看，环城绿带的形态有闭合的环状和非环状两大类，从生态学角度来看，闭合的环状绿带更有利于形成连续的生态廊道，因此，在规划时，应尽可能地使环城绿带形成连续的闭合空间。而这个连续空间也不一定完全等宽，局部进行放大或缩小的状况也是可行的，但需要通过生态学原理来验证其是否能够实现生态廊道功能。

关于"绿环/绿楔"的尺度，究竟多宽的绿带廊道可以维持其开放空间的结构与生态过程，一直是景观生态规划者重点研究的课题；如果宽度过窄，其功能则更偏向于观赏性，不能有效地实现边缘区绿色空间的生态功能，甚至在带宽较小的地段也容易导致绿环本身被蚕食，难以真正控制城市蔓延，城市可以越过其继续发展。关于这一点，北京第一道环城绿带的教训应引以为戒，因此，绿环的尺度也同样需要用生态学原理进行衡量。从各国环城绿带的实践可以看出，绿环的尺度各有不同（表6-2）。

部分城市绿环建设情况[38]　　　　　　　　表6-2

| 城市 | 规模 | 布局形式 | 内容 | 始建时间 |
|---|---|---|---|---|
| 伦敦 | 13～14km宽，面积5780km² | 片状、环状 | 林地、牧场、乡村、公园、果园、农田、室外娱乐、教育、科研等 | 1938年 |
| 巴黎 | 10～30km宽，面积1187km² | 片状、带状、放射状、环状 | 国有公共森林、树林、公园、花园、私有林地、大型露天游乐场、农业用地、赛马场、高尔夫球场、野营基地、公墓等 | 1987年 |
| 莫斯科 | 50km宽，面积5630km² | 环状、放射状、楔形 | 森林公园、野营基地、墓园、果园、林地等 | — |
| 渥太华 | 4km宽，40km长，面积200km² | 环状 | 农场、森林和自然保护区、公园、高尔夫球场、跑马场等 | 1950年 |
| 北京 | 第一道2km宽，面积240km²；第二道面积1650km² | 环状、楔形 | 防护林、高尔夫球场、农田、森林、果园、居住绿带等 | 1982年 |
| 上海 | 0.5km宽，97km长，面积72.41km² | 环状 | 公共绿地、苗圃、花圃、纪念林地、休闲观光农业、主题公园等 | 1993年 |

　　事实上，"绿环/绿楔"的尺度影响着其在景观生态体系中的作用，其在城市边缘区内的布局需要进行科学的分析，合理的布局。

　　首先，从宏观角度出发，作为乡村自然与城市开放空间的连接纽带，在进行空间布局时，要考虑将"绿环/绿楔"与二者紧密联系，共同构成城乡绿色空间网络；其次，从资源保护角度出发，对城市边缘区内的生态资源进行分类整合，确定现有边缘区绿地情况和需要保护的用地，作为"绿环/绿楔"的基本框架；第三，从生态功能性角度出发，为保证"绿环/绿楔"具有生态连通性，在必要时使用强制手段，将一些用地的性质转换为绿地，进行立法保护；第四，从城市发展角度出发，科学确定绿环的布局，要依据城市的发展目标和战略，结合城市自身条件进行科学预测，为城市推进预留空间，否则将会制约城市的合理发展。

2. 增加"绿环/绿楔"的内容与形式，满足不同功能

建设绿环的目的之一是抑制城市蔓延，同时也可以借由"绿环/绿楔"的建立，优化城市边缘区空间格局及城市的生态格局，满足其生态、休闲等不同功能。"绿环/绿楔"以自然景观为主导属性，又紧邻城市，可以与城市绿色空间相贯通。在进行建设时，将其与城市或区域层面上的规划相结合，如土地利用规划、生态体系规划、旅游规划等，在保证其生态功能的基础上，丰富"绿环/绿楔"的内容与形式。

近些年来，随着人们对开放空间的不断开发，环城绿带内可承载的绿地内容与形式越来越丰富，且根据绿带的尺度以及城市情况有所区别。大多数城市的环城绿带以城市周边现有的自然资源为基础，如森林、林地、湿地、农田等，欧洲国家的环城绿带大多如此；也有城市进行以休闲活动为主导的开发，如郊野公园、主题公园，上海的环城绿带规划了十几座主题公园，其间用防护林带、果园串联；还有以防护为主的环城绿带，如北京的第一道环城绿带主要由防护林地组成。

3. 塑造复合生境，充分发挥绿色空间的生态效益

在进行"绿环/绿楔"的景观塑造时，仅仅考虑追求绿量的设计是不被提倡的，要注重创造多层次的生态空间，通过植物配置创造复合生境，提升城乡边缘带的景观生态品质，从而更好地实现其生物多样性，有效发挥边缘效应，为动植物创造良好的栖息和迁徙环境。

### 6.5.2 "内部填充型"城市发展模式的边缘区绿色空间规划重点

1. 对现有边缘区内的"绿块"进行合理布局，形成生态"脚踏石"系统

景观生态学认为，"脚踏石"系统是位于两个以上大型斑块之间，由一连串小型植被斑块所组成的，它的存在能够加强景观的连接度。在此类城市边缘区内，应当分析及规划如何合理地利用其内部可以转变为绿色空间的用地，形成生态"脚踏石"系统，弥补由于人工建设所造成的生态空间割裂。如将一些小尺度的植被斑块与公园绿地有秩序地散布在边缘区内，形成生态连续的绿色空间。

"脚踏石"之间的间距为一项重要的控制指标，在设置区域内的小型绿地之间的距离时也要有所注意，绿地之间的距离必须落

在可视距离范围内才具备连接功能，因此，"脚踏石"系统的最大有效间距，应根据不同的生物保育目标而定。以人类活动为例，社区公园网络可以被视为建成用地内的"脚踏石"系统，提供给居民在一个步行可及的距离内的移动空间。例如美国波特兰市规定，每一个邻里公园的最大间距不得超过家庭主妇推婴儿车步行十分钟的可及距离，即一种为满足人类需求而存在的"脚踏石"系统[39]。

2. 对受损地区进行生态修复

生态修复是指停止对生态系统的人为干扰，以减轻其负荷压力，依靠生态系统的自我调节能力与自组织能力使其向有序的方向进行演化，或者利用生态系统的这种自我恢复能力，辅以人工措施，使遭到破坏的生态系统逐步恢复或使生态系统向良性循环方向发展[40]。生态修复的主要对象为那些受自然和人类活动破坏的自然生态系统，主要目的使其恢复到原本的面貌。

在"内部填充型"发展的城市边缘区内，由于人为干扰因素较多，现有生态资源被破坏程度较高。在进行边缘区绿色空间规划时，要对现有的受损地区进行生态修复，其内容包括河流水系修复、山体修复等。在进行修复时，应遵循场地内原有的生态特征，通过控制污染源、补种本土植被、引入自然过程等生态手段与技术，实现场地的生态恢复。

3. 塑造弹性空间，为边缘区未来的发展提供生态启动因子

在进行边缘区绿色空间网络构建时，以生态连接理论作为构建模型，分析及规划如何合理地利用城市边缘区内可以转变为绿色空间的用地，合理地组织大小斑块形成生态"脚踏石"系统，以各类生态流动来穿透自然与城市，并以生态介入的设计方式，创造具有弹性及流动性的城市边缘区绿色空间。

在进行城市边缘区绿色空间构建时，可以不再局限于传统的城市绿地空间形式，而是挖掘一切可利用的空间资源，提高城市现有边缘区绿色空间的生态承载力。例如将道路附属空间、建筑屋顶、垃圾填埋场等区域加以充分利用，采用灵活和富有创造性的设计方式将绿色空间嵌入城市现有建成区和未开发用地中，如同播种一样，将这些生态启动子优先播种到城市边缘区内，能够应对未来城市化所带来的各种突发事件，为城市提供弹性发展的空间。一个具有弹性的城市边缘区绿色空间的理想状态，是能够为人类提供维持生活质量的物质和服务，并能有效控制城市的连片发展。

### 6.5.3 "转换核心型"城市发展模式的边缘区绿色空间规划重点

#### 1．新城规划应遵循当地原有的生态基础，延续历史文脉

城市新区建设所占用的主要用地类型为乡村和农业区，而这些被占用的土地上拥有长期以来人与自然相互作用而形成的景观，具有独特的当地特点。美国学者霍纳切夫斯基（W. B. Honachefsky）曾说过"将土地的潜在经济价值置于生态过程之前会导致城市的无序蔓延，并且会对生态环境产生破坏"，并主张将生态基础设施的生态服务价值和服务功能与土地利用决策相结合[41]。因此，在新城规划时，应保持规划区域内的自然景观资源，将自然与城市的基本元素有机融合，把景观的自然特征贯穿始终。在材料的选择上，应尽量使用乡土物种，这样不仅能够减少不必要的开支，还能够避免因过度人工干涉所带来的负面效应，降低维护成本。

#### 2．生态廊道与公共运输廊道的整合

交通系统规划是新城规划的重要组成部分，由于其线形空间的特性，与生物廊道有极大的不兼容性。如宽阔的道路改变了包括水流、生物流在内的原有的生态流动功能，阻断了动物迁徙路线等。在进行规划时，要从生态、社会和经济效益三个方面统一考虑，合理规划设计道路的结构布局。在达到整体运输目标的基础上，寻求最优配置，降低道路密度。同时在道路体系中纳入平行或垂直的绿色廊道，构成绿色道路网络。可以在新城交通系统规划中，将原有的汽车道路优先的空间发展观念转为以大众运输为主的观念；鼓励轻轨系统，通过交通入地或抬升，降低其对自然环境的破坏降。这将有利于自然系统与节约型城市发展模式之间的相互整合。

#### 3．实施生态补偿机制

生态补偿（ecological compensation）机制是发展权移转（TDR）在生态规划上的一种特例，它是指对生态敏感地区的保育或者生态空间策略点的恢复进行划设，并限制该地区的发展，在一个城市发展总体的调控原则下，允许原有的发展容积转移至其他计划认为适宜的地区，以作为其开发权损失的补偿[42]。它是以维护、恢复和改善生态系统服务功能为目的，以调整相关利益者（保护者、破坏者、受害者和受益者）因保护或破坏生态环境活动产生的环境利益及其经济利益分配关系为对象，具有经济激励作用的一种制度安排。

新城建设会对周边生态环境带来一定的破坏，可以通过引导鼓励开发者和保护者之间自愿协商和运用市场机制的方法，实现合理的生态补偿。如对保护行为和破坏行为进行不同的对待，对保护者为改善生态环境所付出的相关建设成本和为此而牺牲的发展机会成本进行补偿，同时要求破坏者对其破坏行为所造成的需要恢复生态功能的成本以及被补偿者发展机会成本的损失进行补偿。这将对有效保护城市边缘区绿色空间的格局完整，促进社会公平与和谐发展起到一定的促进作用。

# 第 7 章

# 城市边缘区绿色空间的
# 生态景观塑造

我国正处在城市化的快速发展阶段，大规模的城市边缘区建设难免会忽视对城市边缘区绿色空间的保护，进而导致出现了一系列的生态环境问题，并呈现愈加严重的趋势。这种情况需要及时制止，并弥补之前已造成的破坏。在进行城市边缘区绿色空间塑造时，分析和预判城市化过程，应从不同尺度来进行，包含从区域到城市，再由地区到边缘的空间层面，以期形成良好的城市边缘区绿色空间格局。注重时间维度的塑造，并介入生态设计手段合理地引导其变迁的方向，对现有资源进行保护和复育。设计师也要对边缘区绿色景观的空间形式和形态进行创新设计，塑造具有地方特色的环境。

## 7.1    空间尺度的塑造

城市边缘区绿色空间的景观建设贯穿于整个区域的发展，从城市战略到边缘区生态空间结构，再到某一具体的基地景观塑造。由于设计对象的尺度不同，其所具有的空间过程和格局不同，在不同尺度上所呈现的生态过程和规律也不同。在进行塑造时，要从区域、城市、边缘区到基地的由大到小的尺度空间阶层出发，并结合各种水平与垂直的空间图层进行表达。

### 7.1.1    宏观尺度范围

由于城市边缘区绿色空间系统具有复杂性，城市发展具有不可预测性，因此在进行大尺度的景观生态规划时，要强调空间环境脉络，进行以策略性为主的定位，依据区域生态过程塑造区域景观生态格局特征，注重区域地方性的生态特色，制定用地保护的开发策略，规划绿色空间网络结构与内容，并严格按照规划落实。

### 7.1.2    中观尺度范围

中尺度范围是对边缘区绿色空间框架的具体构建，如各环节的主题分析、内部各大要素的关系网络以及各项指标的量化等，具体内容有：维护和恢复河道、湖泊、湿地、堤岸及滨水地带的自然形态，贯通水系；保护森林资源，修复破损山体，与城市绿地系统进行有机结合；开发各类绿地，完善绿地系统；分散和溶解公园，使其成为边缘区内的绿色基质或斑块；对农业用地集中合并，保护和利用特色优质农田作为边缘区内的有机组成部分；

对部分农业用地进行退耕还林，退耕还湿，为野生动物提供栖居和生存的环境以及迁徙廊道；整合大众运输系统与原有自然系统中的生态廊道，共同构成绿色空间网络；规划设立行人、自行车专用的非机动车绿色通道；规划绿色历史文化遗产廊道等。

### 7.1.3　微观尺度范围

在满足上述控制性指标的基础上，对基地尺度范围的设计，即具体某一个地块，强调景观与环境意向的塑造。设计从场地的自然环境出发，关注场地的地形、地质、地下水、地表水、地方物种、风、日照等各种生态因素。在此基础上，进行景观形态与空间的塑造、植物群落的配置、景观材料的使用等。用科学与艺术的手段来协调自然与人工景观，使二者达到一种最佳的平衡状态，带给使用者舒适的感官和美的享受。

斯坦顿岛（Staten Island）位于美国纽约市中心曼哈顿对面，是纽约最后一片淡水湿地岛屿。19世纪70年代中期，斯坦顿岛开始城市化，形成以低密度社区为主体的城郊面貌。由于缺乏合理的基础设施规划设计，岛内的部分地区在雨季受到排水和化粪池崩溃等问题的困扰。人们开始重新审视传统的工程化的暴雨管理措施，考虑结合景观生态学原理，建造人工湿地系统，使用可持续手段来解决这一复杂问题。

1988年，斯坦顿岛"蓝带"（Bluebelt）项目启动，纽约市环保局着手建造新的雨洪管理系统。该项目在宏观尺度层面上，连接了岛内约50000hm$^2$范围内的11个流域，将人工系统中溢出的水排放到天然湿地与水道中去，从而减少雨水洪峰流量，增补岛内的地下水（图7-1）。

中观尺度层面上，划定湿地保育区范围，保持湿地的生态和水文功能；划定野生动植物群落保护区，对当地野生动植物群落进行保护，挽救濒临灭绝的动植物；结合部分洪泛排水廊道形成线性的开放的"溪谷公园（Stream Valley Parks）"[1]，并深入到社区，为居民提供休憩环境。赋予绿色空间游憩、动植物保护、历史古迹保存和社会美化等多重功能。

微观尺度层面上，在南列治文（South Richmond）社区设置人工湿地，其由沉淀池、过滤池、净化池等部分组成，与周边湿地连通；降雨时，雨水通过下水道排入人工湿地，经过沉淀、过滤后汇入自然湿地（图7-2）。

"蓝带"项目将生态手段介入斯坦顿岛因城市发展而被破坏的

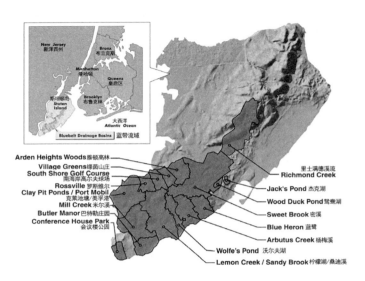

Arden Heights Woods 雅顿高林
Village Greens 绿茵山庄
South Shore Golf Course 南海岸高尔夫球场
Rossville 罗斯维尔
Clay Pit Ponds / Port Mobil 克莱池塘/美孚港
Mill Creek 米尔溪
Butler Manor 巴特勒庄园
Conference House Park 会议楼公园
Wolfe's Pond 沃尔夫湖
Lemon Creek / Sandy Brook 柠檬湖/桑迪溪

Richmond Creek 里士满德溪流
Jack's Pond 杰克湖
Wood Duck Pond 鸳鸯湖
Sweet Brook 密溪
Blue Heron 蓝鹭
Arbutus Creek 杨梅溪

**图 7-1** "蓝带"项目
范围 [1]

**图 7-2** 斯坦顿岛的人
工湿地流程图 [1]

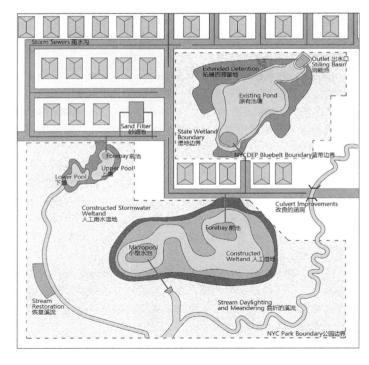

地区。现在，经过长时间的恢复，岛内形成了新的稳定的生态系统，古朴的设计与乡土材料的使用，使得人工景观与自然浑然一体（图7-3）。

## 7.2　时间维度的塑造

景观在时间的轴向上，是一个不断变迁的过程。城市边缘区是城市建设活动的高发地区，在时间轴线上有强烈的不稳定性，稍不注意，就会丧失大量宝贵的自然资源。在进行城市边缘区绿色空间的景观塑造时，也应该考虑和强调景观在时间维度上的变化。通过在时间维度上监测城市发展对自然系统的扰动，分析城市发展政策、目前人口分布、经济发展等综合因素，对城市边缘区发展进行预测，在重要节点处优先划设绿色空间，预留出城市发展的弹性空间，在恰当的时间介入人为影响，引导其向良性发展。

### 7.2.1　可持续性设计

在进行边缘区绿色空间塑造时，只有处理好人与自然之间的关系，注重对自然资源实施保护利用、重复利用以及再生利用，才能够保证边缘空间的可持续性，使其在时间轴线上能够恒定地

图7-3 建成后的南列治文社区人工湿地照片[1]

发展。在进行设计时，要充分分析及规划如何合理地利用城市边缘区珍贵的自然资源，合理地组织边缘区内的各种绿地，形成边缘区生态基础设施，以各类生态流动穿透自然与城市，创造具有弹性及流动性的边缘区绿色空间。

1. 充分发挥自然的能动性

热力学第二定律告诉我们，当一个系统向外界开放，吸收能量、物质和信息时，就会不断进化，从低级走向高级。自然是具有自组织和自我设计能力的，当一个花园无人照料时，便会有当地的杂草侵入，最终将人工栽培的园艺花卉淘汰；当一池水塘无人维护时，便会在水中或水边生长出适应其环境的水生植物，并最终演化为一个物种丰富的群落。自然同样具有自我愈合和自净能力，而这种丰富性和复杂性远远超出了人为的设计能力。那么，在进行边缘区绿色空间景观设计时，面对广袤的自然，就应当开启自然的自组织或自我设计过程，充分利用自然系统的能动作用，让自然做功。

2. 资源利用的公平性

资源的概念有广义和狭义之分，这里所指的资源为狭义的资源，即自然资源。自然对于生物资源的需求是根据其在食物链中的位置和作用进行分配的[2]，由于人为作用力的介入，开始了对自然资源的掠夺性侵占，无视了其他生物对资源的需求，将原始的平衡打破，形成了不可持续的恶性循环。

在塑造边缘区绿色空间时，处理好人与自然之间的关系，注重对自然资源的保护利用、重复利用以及再生利用，才能够保证边缘空间的可持续性，使其在时间轴线上能够恒定地发展。因此，在进行设计时，要充分分析及规划如何合理地利用城市边缘区珍贵的自然资源，合理地组织边缘区内的各种土地嵌合体，形成边缘区生态基础设施，以各类生态流动穿透自然与城市，创造具有弹性及流动性的边缘区绿色空间。

3. 低耗能源的利用

能源的低耗是可持续的体现：在设计时使用较低能耗的特殊材料，如绿色屋顶、适应当地生长的植物，减少养护用水；修建富有乐趣的路径和目的地，鼓励人们步行及自行车出行，减少能源的消耗；对场地的建筑与构筑物进行合理的规划和改造，充分利用阳光，并阻挡冬季寒风，以减少取暖、降温所需要消耗的能源；采用反光池、建筑反光、采用太阳能景观照明等手段得到最大的太阳能等方式，降低能源的使用。

### 7.2.2　过程性设计

过程性设计是借由生态手段，介入场地原有的过程，通过时间的作用，慢慢融入场地，进而对场地长期存在的固有动力的一种推动方式[3]。在进行设计时，并非是对场地进行强加的、硬性的人工改造，而是包含物质性、生态流动的过程，同时也受到公共空间的性质、地方政策与社区等因素的影响。

1. 将人工干预降到最低

但凡有人类活动，就会对场地内的自然环境产生一定的干扰。然而有很多对场地的干扰行为是不必要的，比如将原有树林砍掉，换成草坪和园艺花卉品种；对河岸裁弯取直，并进行硬化处理等不生态的行为都对场地的生态平衡带来了严重影响。当面对城市边缘区的自然场地时，应该尽量地减少人为干扰，并且努力通过生态设计手段促进自然系统的物质利用和能量循环，维护场地的自然过程与原有的生态格局，从而保证场地内的生物多样性。

2. 延续场地的自然过程

设计应以场所的自然过程为依据，延续场所中的自然要素如阳光、地形、水、风、土壤、植被及能量循环。尊重场所上发生的各种自然过程，如降水所产生地表径流及补给地下水的过程、河岸的侵蚀过程、植被群落的演替过程等。将这些带有场所特征的自然要素体现在设计中，能够更好地维护场所的健康。

3. 延续场地的生物多样性

在设计中保持数量有效的乡土动植物种群，保护各种类型及多种演替阶段的生态系统，并且通过恢复乡土生境来促进生物多样性的发展。

### 7.2.3　适应性设计

千百年来人类强行改造自然的后果已经证实，用强硬的手段去抗衡自然只会带来更严重的后果。因此，换一种处理方式，以一种柔性的手段去适应场地的条件，利用人类的聪明才智，将场地的不利因素转为有利因素，是适应性设计的宗旨。随着科技时代的到来，一些对自然力应用的技术已经不是问题，并更多地应用于景观设计，如对太阳能、风能、潮汐能的利用，水的有效循环等。

在设计过程中，这种环境敏感的地区往往又表现出区域景观的突出特征，因此，适应性的景观塑造方法应该强化对这一地区的保护，通过调查、分析与评估，掌握其发生规律，遵循自然固有的价值和过程，根据土地的生态要求规划和布置各种空间用地，并智能地将场地条件转为有利因素，实现人与自然的共生。适应性设计基于场地内固有的特性，同时又是人类智慧在场地内的延续。

苏塞公园（Sausset Park）位于法国巴黎的东北城市边缘区内，园址曾是农田，周边为大片耕地和水面。1979年，政府准备兴建一座面积达200hm²的大型郊野公园，以期为市民提供一个自然游憩环境。米歇尔·高哈汝（Michel Corajoud）夫妇的方案脱颖而出，他们通过对场地的地质、水文和微气候等生态因素的研究，将公园设计成4个植物景观区，分别是森林景观区、农业和园艺景观区、灌木林区域及城市公园[4]（图7-4）。

设计充分考虑到时间尺度，强调景观的可持续性和过程性，并尽量保留土地和植被原貌，介入最少的人工元素，使其与周围的自然景观相衔接；在公园边缘进行主体种植工程，以便确立公园的边界，避免未来的城市建设对公园用地的蚕食；在公园内部种植了30万棵只有30cm高的小树苗，并且运用塑料地膜确保小树苗的迅速生长，既节约造价，又向人们展示了自然植被的生长过程；将场地内的水塘连通，形成公园内部水系，保留原有沼泽地，并用堤坝进行隔离，将其封闭，模拟自然生境，栽种了27种耐水湿植物和水生植物，不进行人工干扰，让其自行演替；考虑到时代的发展与人们兴趣的变化，公园的服务设施建设也留有余地，逐渐增设（图7-5）。

苏塞公园至今仍在建设，经过漫长的时间培养与等待后，当年的小树苗已长成郁郁葱葱的树林，园内的植物群落达到新的稳定与平衡。苏塞公园向人们展示了景观在时间上的动态变化，给人以教育作用（图7-6）。

## 7.3  景观实体的塑造

景观最终要落到具体的场地之上，同一块场地，不同的设计师通过不同设计语言，会诠释出不同的景观效果，使得参与和使用地块的人们，产生不同的观感。城市边缘区绿色空间多为未开发的自然资源，具有良好的生态功能，合理保护与适度开发，塑造具有地方特色的景观，是尊重自然的设计态度。

### 7.3.1  塑造功能多样性的景观

城市边缘区绿色空间所承载的功能复杂且综合，在进行景观

图7-4（左）　苏塞公园平面图[5]

图7-5（右上）　苏塞公园湿地实景

图7-6（右下）　苏塞公园与周边环境自然过渡

塑造时，应结合不同的景观类型，创造满足不同功能的景观实体，例如结合边缘区内的湿地、森林等自然环境，满足城市边缘区对城市的生态保障功能；结合农田、果园、林地、郊野公园等满足其兼具补给的观光功能；结合水体、交通绿色基础设施等生态廊道，满足城市交通服务以及自然物能流通的功能；结合内部绿地的设计，满足周边居民的休闲使用功能等。在这些用地内，根据功能需求，设计不同的基础设施，发挥其作用。

### 7.3.2　塑造连续性景观

城市边缘区内的绿色空间是多样化的、天然的，正因为这种自然特征，它是最宝贵，也是最脆弱的。因此，面对着城市扩张所带来的危害，在设计时应尽可能地保护自然连续性和自然过程，并通过人工景观的补充，形成连续的景观。可以通过对用地边界的巧妙处理，如植被的栽植方式、边界构筑物的材料选择与形态设计，将设计地块与周边自然的肌理融为一体。对于自然过程已被破坏的地块，也可以通过塑造视觉连续性的景观以及人工景观的方式来弥补。

### 7.3.3　塑造地域性景观

地域性景观是指一定地域范围内的景观类型和景观特征，它是与地域的自然环境和人文环境相融合，从而带有地域特征的一种独特的景观[6]。比如沼泽地、海岸、沙丘等自然要素，都应该尽量地保护利用并且让其成为设计的重点。许多人为因素所形成的景观与肌理，比如田埂、鱼塘、采矿沉降区等，也是值得延续的地方特质。

在进行边缘区绿色空间塑造时，应以自然为基础，以人文为外延，对场所中各种特征化的肌理进行挖掘，如生活在这里的人们对它的情感，适应了这里的气候而生长的特殊植被等，将这些自然、人文、社会方面的信息进行叠加和解读，对场地原有的一切物质与非物质形态进行改造和再设计，最终体现在景观设计中。

利用不同的材料来塑造景观，是景观设计中不可缺少的方式。对于城市边缘区绿色空间的景观塑造，其植物材料的选择，应尽量运用乡土植物；在砖、石、木材等材料的运用上，结合工艺与做法，形成符合当地与现代气息的景观；一些废旧材料的运用，也可以为创造具有地域特色的景观加分。保留原有的材料、地域象征性强的标志物以及植物栽培方式等，作为显示地块地域特征的元素。

杭州江阳畈生态公园曾经是西湖疏浚的淤泥库，当淤泥停止运进后，植物逐渐萌发出来，并随着淤泥地表含水的变化进行着演替过程。由于西湖湖畔附近的种子随着淤泥运输到场地内，使得场地内生长的植物与周围山谷的植被完全不同，让基地具有了独特的场所精神和文化。设计师并没有对现有场地进行过多的人工干预，认为"对场地形态的尊重和保护不仅仅是一个生态公园的本质特征，更是维护了场地独特的文化，也延续了西湖疏浚的文化"[7]。公园内通过设置多个"生境岛"，保留了次生植物群落斑块，维持了自然生态系统的演替过程。通过栽植野生草本花卉，形成富有野趣的山林花海（图7-7）。公园内的建、构筑物在场地中若隐若现，它们的形式、色彩与质感，也尽量与周边植物群落融合（图7-8）。人们在此能够远离城市喧嚣，感受场地内植物演变的魅力。

图 7-7（左） 江阳畈公园生态岛与野花

图 7-8（右） 江阳畈公园廊架

# 第 8 章

## 城市边缘区绿色空间
## 规划设计的实践探索

## 8.1    中国太湖生态博览园概念规划

### 8.1.1    项目背景

无锡是江苏省省辖市，位于江苏省南部，是长江三角洲中心地带，南临太湖，北依长江。早在六七千年前，无锡先民就在这里劳作、繁衍生息。公元前202年，西汉高祖置无锡市。新中国成立后，无锡城市发展迅速，至今全市总面积为4787.61hm²，市区1622.64hm²，其中建成区面积216.5hm²，山区和丘陵面积为782hm²，占总面积的16.33%；水面面积为1502hm²，占总面积的31.4%。

无锡市南部为水网平原，拥有秀美的山水资源，其空间发展布局也经历着从"运河时代"到"蠡湖时代"再到"太湖时代"的巨大变迁（图8-1）。随着长期的高能耗、高速度的经济增长，无锡城向周边用地不断扩张，伸向太湖，而这期间人们忽视了对太湖周边环境的保护，造成城市边缘区绿色空间破碎、湿地退化、农业面源污染和生活污染没有得到有效控制、污染物排放总

图8-1 新中国成立后无锡城市的发展

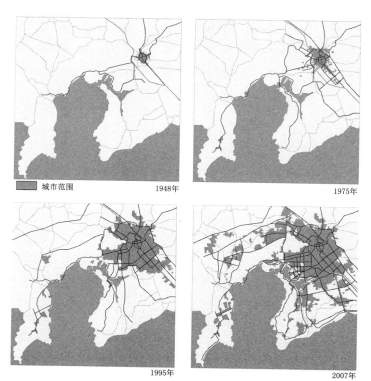

城市范围    1948年    1975年    1995年    2007年

量增大、太湖水质严重污染等问题的出现，加剧了城市发展与太湖生态系统平衡之间的矛盾，随之产生的水质性缺水严重影响了城市居民的生活。

太湖孕育了无锡，是无锡的魅力所在。2008年，无锡市政府启动《中国太湖生态博览园概念规划》，用以展示太湖生态历史及无锡保护和恢复太湖生态的阶段成果。这项规划是通过对无锡南部城市边缘区绿色空间的修复与完善来实现的。

### 8.1.2　生态博览园范围的选定

太湖周边有许多自然、人文景观资源，包括风景名胜区、公园绿地、农田以及居住商业用地、疗养院、军事用地、历史遗迹等。此外，由于该区域具有典型的平原水网地区特点，流域内湖泊、河道、鱼塘纵横交错，主要有梅梁湾、蠡湖、长广溪、尚贤河、梁塘河、梁溪等。本着资源整合、生态优化、组团链接三大原则，充分利用区域生态、人文与旅游资源，结合城市基础设施建设情况，运用生态学原理，对区域生态资源进行宏观调控，优化生态系统的组合与运作，打破现状各组团相对独立的状态，使整个区域形成一个完整的系统，构建城市边缘区绿色空间。

最终选择沿太湖、梅梁湖地区一带，与太湖新城、蠡湖新城、太湖科技园区等城市用地相互穿插的绿色空间用地，作为太湖生态博览园的规划范围，面积约140km$^2$。具体包括马山、十里明珠堤、阖闾古城、十八湾、梅园、渔港、蠡湖、山水城、梁溪河、骂蠡港、梁塘河、蠡河、尚贤河、长广溪以及环湖林带（图8-2、图8-3）。

### 8.1.3　绿色空间形态构架

太湖生态博览园所形成的绿色空间用地包括风景名胜、公园绿地、山林、防护绿地、其他绿地、农田、历史遗迹。规划就水系统、湿地系统、植被系统、农业系统、栖息地系统五个生态因子进行了科学合理的分析与规划，延续了场地的自然演化过程，留出生物廊道与迁徙路径，形成水系、湿地、植被、栖息地等系统的网络结构，共同构成无锡南部边缘区的绿色空间。

#### 1. 水系统

由于太湖水污染的问题比较严重，因此在规划中，对太湖水的调控与净化成为重点。历史上的太湖与范围内的河道是联系在一起的，为防止水体污染，园内河口及与湖交汇处都设置了水闸和水泵，用来拦截被污染的太湖水，规划完善与贯通区域内的水

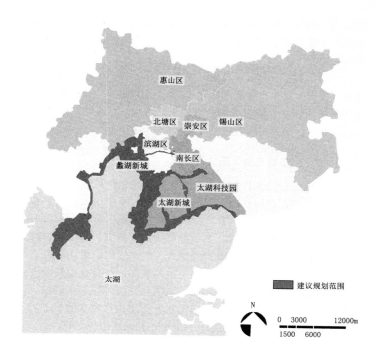

图 8-2 建议规划范围

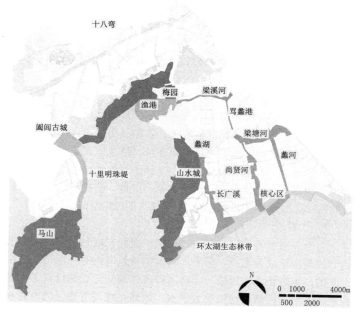

图 8-3 规划范围内包含的用地

系，对水源地通过划定范围以及实行各种措施进行保护，控制流入水系中的外源污染物；疏浚梅梁湖底的淤泥，将其堆积在十里明珠堤的东侧、马山的东北角区域和渔港地区的外围，在淤泥上建立新景观；在梅梁湾区建立生态拦截网，采用藻水分离技术等措施处理蓝藻污染；通过建立具有复层结构和功能的植被缓冲带恢复河道的自然功能和生态岸线，恢复与建立各种湿地，构建生态水网；完善水质监测系统，防洪排涝并兼顾航运，改善河网与太湖的水环境，综合开发利用水资源。希望通过长期的水质改善治理，使未来河道能够与太湖水域连通，到那时，原来用于拦截太湖水的水闸将具有调节水位和防洪、蓄洪的功能（图8-4）。

2. 湿地系统

园区内的自然地理优势显著，具有良好的河网骨架，但是现有湿地相对孤立，不成体系，原有的湖泊自然湿地岸线被破坏，河流湿地缺失，市民的湿地保护意识薄弱。

规划建立园区湿地系统，恢复原有太湖"生态岸线"，通过扩建较薄的滨湖地带外，增加水生植物的种植量，软化湖岸，净化水质；建立环太湖湿地系统，形成环太湖湿地绿带；利用现有河网骨架，恢复具有太湖流域典型特征的河流湿地，构建湿地网络体系，并在长广溪、尚贤河等河道建立湿地公园，成为市民休闲娱乐、科普教育的平台，加强市民对湿地的认知；连通山地汇水线，在相应的入河

图 8-4 水系统规划

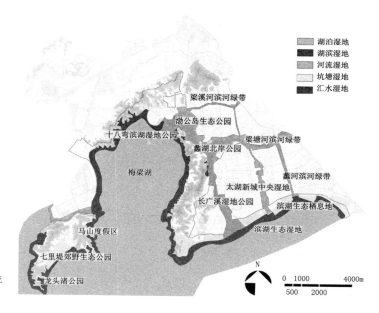

湖泊湿地
湖滨湿地
河流湿地
坑塘湿地
汇水湿地

梁溪河滨河绿带
渤公岛生态公园
十八弯滨湖湿地公园
梁塘河滨河绿带
蠡湖北岸公园
蠡河滨河绿带
梅梁湖
太湖新城中央湿地
长广溪湿地公园
滨湖生态栖息地
滨湖生态湿地
马山度假区
七里堤郊野生态公园
龙头渚公园

N

0    1000              4000m
   500    2000

**图 8-5** 湿地生境系统
规划

口建立过滤性湿地；维护湿地生态系统的稳定，加强监督与管理，为区域创造生态结构稳定、生物多样性丰富的湿地系统（图8-5）。

3. 植被系统

园区内的绿化过于城市化和园林化，部分山林植被长势较差，植被种类单一，且局部地区硬质景观为主，缺少地面及水生植物的软化，没有形成一个连续的、良好的植被生态系统。

规划本着尊重自然、保护原有植被、丰富山林季相景观、丰富滨水景观、通过植物景观塑造历史景区、体现文化内涵的原则，对园内的植被进行整治。其中包括对破坏严重的区域予以生态恢复，补种乡土树种，形成具有当地特色的植被空间体系；对硬质地面进行改造，增加绿地面积；对现有山体25m等高线以上的山林植被进行保留，局部区域进行适当调整；并结合一系列生态公园的建设，种植多样的水生与湿生植物群落，塑造良好的植物景观（图8-6）。

4. 农业系统

园内现状农业生产用地分布零散，农药和化肥的过量使用造成了面源污染，对水质和地下水影响严重；耕地、鱼塘等农业用地侵占了林地、湿地、河道和堤岸，改变了区域小气候，影响防洪蓄洪，增大了水土流失发生的可能；由于规划区域内的土壤、水体等污染现象的影响，农作物生长不良，种类较少，经济效益差。

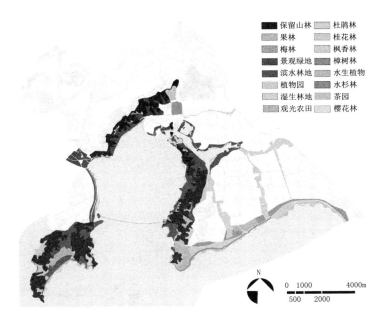

| | |
|---|---|
| 保留山林 | 杜鹃林 |
| 果林 | 桂花林 |
| 梅林 | 枫香林 |
| 景观绿地 | 樟树林 |
| 滨水林地 | 水生植物 |
| 植物园 | 水杉林 |
| 湿生林地 | 茶园 |
| 观光农田 | 樱花林 |

N

0　1000　　　　4000m
　500　2000

图 8-6　植被系统规划

　　规划坚持农业可持续发展的战略思想，针对现状农业生产用地存在的问题，对农业用地集中合并，退耕还林，退耕还湿，为野生动物提供栖居和生存的环境以及迁徙廊道；开展生态型观光农业建设，为游人提供体验田园乐趣的场所，同时也展现了无锡当地的民俗民风；严格控制农业面源污染，在改善生态环境、涵养区域小气候的基础上，建立都市农业示范区，展示生态农业建设的技术与成果（图8-7）。

　　5. 栖息地系统

　　现有村落、农业生产用地和工业用地破坏了园区内的栖息地系统的连续性，一些开发与建设活动对区域内的生境造成了一定的污染与破坏；此外，植被群落结构与物种的单一性，满足不了动物生境的需求。

　　规划通过以上对水体、林地、湿地、植被、农田等方面的整治与修复，为动植物创造了良好的生境条件。整合后的绿色空间为动植物提供了五种类型的栖息地，分别是湖泊生境、湿地生境、林地生境、山陆交接带和水陆交接带，形成了一个完整连续的有机体，为鸟类、鱼类、哺乳类、两栖类、底栖类、昆虫类动物提供了良好的生存空间与迁徙廊道，并在陆地上适当引入具有浆果等可食性果实的乡土树种，在水系中设计草滩、泥滩、砾石

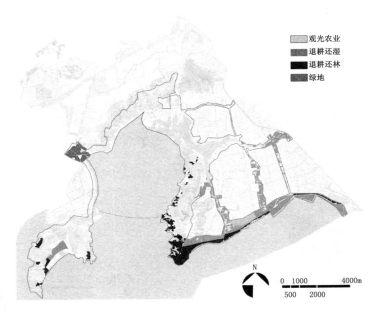

观光农业
退耕还湿
退耕还林
绿地

N

0    1000         4000m
   500    2000

图 8-7 农业系统规划

滩等不同的湿地生境，吸引不同的野生动物栖居，丰富生物多样性，同时限制在既有的潜在栖息地上进行开发建设活动，保护栖息地，最大限度地实现绿色空间的生态效益（图8-8）。

### 8.1.4　区域产业构建

城市边缘区内的产业也是本次规划的重要部分，通过合理的构建产业，引导区域的良性发展。目前区域内主要的产业有农业、工业和观光旅游度假产业，其中农业用地主要集中在湖滨生态林带，长广溪、尚贤河以及马山也有部分农田；工业用地主要集中在梁塘河、蠡河、长广溪内，多为加工制造业，以劳动密集型为主，附加值较低；现状的风景旅游、人文旅游有一定的基础，区域内有太湖国家旅游度假区、太湖山水城旅游度假区以及影视基地等。规划依据"无锡市十一五城乡规划"制定的产业策略，对区域内产业进行相应的调整（图8-9）。

1. 农业产业

对部分现有农田进行退耕还林、退耕还湖、退耕还湿，将其余农业进行转型，发挥区块亲山近水、临城沿湖的优势，建设生态景观型、体验参与型、特色精品型、旅游度假型的现代都市农业示范区。

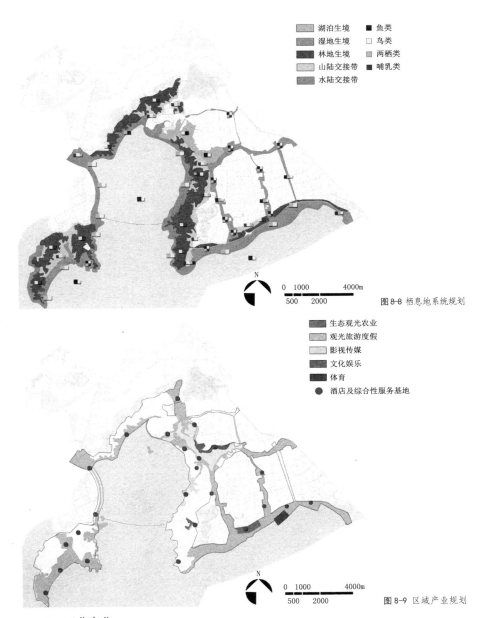

图8-8 栖息地系统规划

图8-9 区域产业规划

2. 工业产业

将区域内的工业外迁，把用地转化为城市公共绿地或其他生态类型用地，为环太湖生态博览园提供更好的生态条件。

### 3．休闲产业

对区域内有基础的观光旅游度假产业进行优化提升，依托马山景区、梅梁湖景区、蠡湖景区三大风景区资源，加快环太湖精品旅游圈的打造，建设国内外著名的旅游区。同时开发更多的服务类型项目，如将影视城进一步开发，为游客提供多方位的体验，发展水上休闲运动，申办顶级赛事，利用酒店、展览中心等设施，提供顶级会展论坛服务等。

### 8.1.5　项目总结

太湖生态博览园的绿色空间规划对太湖及园内水系与水质、湿地、农业、植被、栖息地五个生态因子进行了科学合理的分析与规划，延续了无锡边缘区域的自然演化过程，留出生物廊道与迁徙路径，形成水系、湿地、栖息地、植被等系统的网络结构，保持了自然过程的整体性和连续性。

同时，作为世界级的生态博览园、国家级的生态体验区和生态治理的国际交流基地，太湖生态博览园构建了科学、合理、完善的生态科普展示系统。规划依据不同类型的生态展示内容，构建科学合理的展示系统，充分发挥了太湖生态博览园的科普教育与展示功能，向游人和市民展示生态治理的措施和水质净化技术，不同类型的湿地生境，鸟类、两栖类等野生动物的栖息地，展示具有地域特色的乡土植物以及生态农业示范工程和山林保育工程的过程与阶段性成果。

## 8.2　绍兴镜湖新区景观规划设计

### 8.2.1　项目背景

镜湖原名狭猹湖，位于绍兴市北部，地区历史悠久，有着丰富的名镇文化、酒文化、桥文化、名士文化和山水文化资源，这些确定了镜湖从古至今的重要地位，也是绍兴历史文化比较具有个性特色的地域之一。

据史料记载，镜湖区域曾是沼泽及季节性积水区域，当时人们聚居在地势较高的山上，随着生产力的提高，在永和年间，人们开始修建湖堤控制海潮，在山会平原处形成鉴湖，到南宋年间，由于山体冲刷导致淤泥堆积，鉴湖被掩埋，形成肥沃的土壤，人们向北部平原区域迁移，绍兴古城形成，同期山会平原上出现镜湖、湘湖等湖泊[1]（图8-10）。

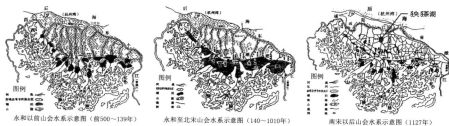

永和以前山会水系示意图（前500～139年）　　　永和至北宋山会水系示意图（140～1010年）　　　南宋以后山会水系示意图（1127年）

随着城市的继续发展，绍兴市城区面积扩大，镜湖周边原来 图8-10 镜湖形成历史[1]
零星的村落也在增多。2002年，绍兴市颁布《绍兴大城市发展战
略纲要》和《关于加快镜湖新区（城市绿心）开发建设的若干意
见》等条文，将狭猸湖改名为镜湖，确立了镜湖新区的功能定位、
行政区划和机构设置等，将镜湖新区的功能定位为"生态功能调
节区、城市休闲娱乐区、水上旅游观光区和行政管理中心区"，与
越城组团、袍江组团和柯桥组团共同构成大绍兴市[2]（图8-11）。

2003年7月15日，绍兴市人大常委会审议通过《绍兴镜湖新区
空间发展规划》，确定了镜湖新区作为绍兴大城市的"绿心"的
空间发展形态，镜湖新区进入实质性开发建设阶段。2004年3月，
《绍兴市镜湖新区"城市绿心"总体规划》获市政府审批通过。

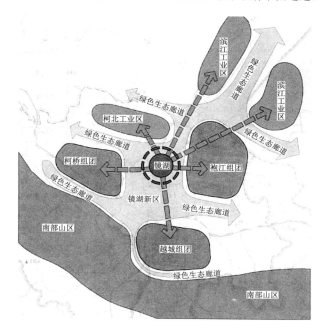

图8-11 镜湖与周边
组团关系

依据《绍兴市城市总体规划》和《镜湖新区总体规划》，镜湖新区成了绍兴市的"组团+绿心"的"绿心"，因此在上位的城市规划定位中，就优先考虑了镜湖新区内的自然资源，包括区域内河网肌理、镜湖及周边地区，形成新城的绿色空间格局，并通过立法进行保护（图8-12）。2005年5月，经由建设部批准，镜湖国家城市湿地公园成为浙江省第一个国家级城市湿地公园。

**图8-12** 镜湖新区用地规划

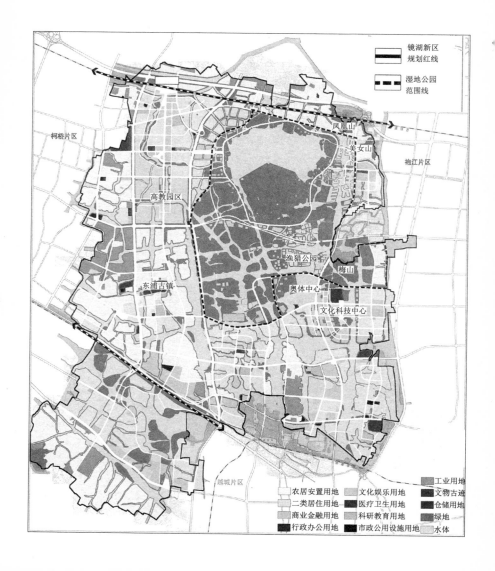

### 8.2.2　镜湖国家湿地公园总体规划

镜湖国家湿地公园总面积约1540hm², 其中水面约558hm², 新区规划其东侧为教育科研用地, 南侧为绍兴未来的城市行政金融中心, 西侧为居住和行政金融用地, 北侧为城市发展预留地。规划用地包含天然淡水湖镜湖、梅山以及被水体分割的田地, 充分体现了平原河网地区湿地景观的特征, 但多数地方被高强度开发利用, 只有少量地方还有一些自然湿地。

镜湖国家湿地公园规划将规划重点放在水系整理、动植物群落栖息地的营建以及地域特征的表达上, 将用地规划为湿生栖息地景区、梅山湿地景区、田园风光景区、北湖景区、水花园景区密林景区六个部分, 分别展示不同湿地生境的类型, 创造人与动物和谐相处的生态环境景观 (图8-13)。

1．水系整理

规划结合当地水文资料及历史资料进行水系的梳理, 将水面由原来的237.2hm²增加到305.1hm², 水体岸线长度由原来的87.7km增加到143.7km (图8-14), 设计草滩、砾石滩、沙滩、湿生林木滩地等驳岸, 充分模拟自然湿地。并通过城市污水管道布置, 将流域内的生产与生活污水统一排放, 降低流域内的水体污染。

2．动植物群落栖息地的营建

规划运用景观生态学理论, 在场地内引入乡土的树种, 进行湿地修复, 建立稳定、高效、生物多样性丰富的立地生态系统。利用不同的配置方式模拟自然生境, 形成不同的生境类型, 为鸟类、鱼类、哺乳类、两栖类动物提供良好的栖息环境。

3．地域特征的表达

规划延续原有地形地貌, 充分挖掘当地特色, 对原有的湖面、水道及"荷叶地"农田展开设计, 配合植被与水体, 营造反映镜湖地域特色的城市湿地[2]。同时, 对当地历史文化资源进行保留和修复, 如避塘、村落、古桥等, 规划注重"历时性"与"共时性"的内在统一, 从景观特质和风景资源的视角出发, 塑造具有地域特色的景观, 延续镜湖场所精神, 让人们感受镜湖千百年来的历史沉淀和当地的民俗民风。

### 8.2.3　湖滨景区概念设计

随着新城的发展, 多个重大项目已入驻镜湖新区, 如高教园区、奥体中心、行政中心等, 而高铁线从镜湖新区的北侧东西向

**图 8-13 总体规划图**

图 例

| | | |
|---|---|---|
| 草地 | 沙滩 | 停车场 |
| 疏林草地 | 间歇性淹水区 | 保留建筑 |
| 密林 | 露天剧场 | 新建建筑 |
| 田园风光 | 码头 | 观景塔 |
| 湖水 | 水花园 | 规划范围 |

❶ 露天剧场
❷ 因之渔村
❸ 游船码头
❹ 长塘村
❺ 潞庄村
❻ 里江村
❼ 生物岛
❽ 前王村
❾ 久大村
❿ 农耕俱乐部
⓫ 五峰村
⓬ 斜江村
⓭ 硫湖砖屋
⓮ 水剧场
⓯ 水生花卉园
⓰ 水生作物
　　采摘园

⓱ 林头村
⓲ 垂钓园
⓳ 自行车俱乐部
⓴ 杨港村
㉑ 秋果采摘园
㉒ 蔬菜耕作园
㉓ 通讯塔
㉔ 观景塔
㉕ 垂钓俱乐部
㉖ 大葛村
㉗ 大葛生态
　　湿地教育中心
㉘ 水净化演示
㉙ 水花园
㉚ 湖口村
㉛ 大娄生态
　　教育中心

㉜ 观鸟室
㉝ 观鸟廊
㉞ 观鸟塔
㉟ 洛江湿地鸟类
　　研究站
㊱ 游客服务中心
㊲ 肖港村庄遗址
　　花园
㊳ 仓库遗址花园
㊴ 水净化演示园
㊵ 林园
㊶ 林园科普
　　教育馆

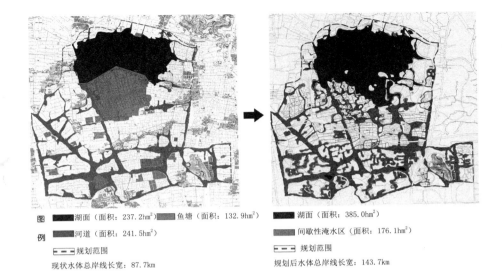

图例　■湖面（面积：237.2hm²）　■鱼塘（面积：132.9hm²）
　　　■河道（面积：241.5hm²）
　　　▭▭▭ 规划范围
　　　现状水体总岸线长宽：87.7km

　　　■湖面（面积：385.0hm²）
　　　■间歇性淹水区（面积：176.1hm²）
　　　▭▭▭ 规划范围
　　　规划后水体总岸线长宽：143.7km

穿过，乘客中转站也将坐落于镜湖新区的西北角，相应的配套设施逐步健全，镜湖新区逐渐发展为城市的副中心，也推动着镜湖环湖区的保护与建设工作的开展（图8-15）。

图 8-14　规划前后水域面积对比

　　湖滨区的设计以"生态绿核，诗意水岸"为规划目标，从构建高效的生态绿核、恢复湖区典型地理景观风貌、提升水岸自然品质与生态休闲体验以及建立开放的湖泊河网景观系统几个方面着手，对镜湖湖滨区进行了设计，希望依托环湖生态带的建设，营造孤丘堤塘栖息地、绿色滨水体验带、湖滨水岸走廊、避塘风情体验带、水生植物花园等各具特色的区块，进而引导城市的可持续发展（图8-16）。

　　1. 构建高效能的生态绿核

　　设计方案强调生物多样性与景观多样性的恢复和保护，通过对水体的景观塑造，恢复镜湖原有的广阔湖面，完善湖泊生态系统。通过本土植物的合理配置营建多样的湿地生境与栖息地，强化环湖区生态保护恢复，注重生物保存的完整性，营建孤丘、堤塘、滩涂、密林等多种类型的栖息地，强调区域生态品质和多样性，协调区域发展。

　　2. 恢复湖区典型地理景观风貌，延续地方文化

　　设计传承了镜湖区域地理历史变迁的区域景观风貌，突出滨水特色的地域文化，突显区域特有的城-水互融发展的景观个性与

风貌，合理保护开发历史文物遗迹。

如孤丘堤塘栖息地区就以区域特有的景观孤丘及堤塘为原型，结合现有鱼塘进行改造，设计不同标高与多种形态的岛屿，包括林地岛、草滩岛、石滩岛等，形成湖泊湿地、湖滨湿地、树林湿地、稻田湿地、坑塘湿地和沼泽湿地等多种湿地类型，满足不同属性鸟类的需要（图8-17）。

而水生植物花园的设计则是在原有排布整齐的鱼塘机理上进行改造，将其作为展示丰富的水生植物的场所，并借助现有湖堤，在适当位置堆筑岛屿，为游客提供登高俯瞰的区域（图8-18）。

在镜湖的西侧有一处避塘，是绍兴省级文物保护单位，在历史上，避塘的作用是为了挡住湖面的大风，为当地渔民形成避风港湾，这是人民智慧的象征。规划将避塘完整地保留，设计岛屿与其相连，使游客可以近距离地欣赏古老避塘的原始面貌。

3. 提升水岸自然品质与生态休闲体验

强调水岸的生态流动与市民休闲互动的相互交织，在生态保护恢复的前提下创造了多样的休闲活动空间，如建设湿地科普教育认知中心，满足展览、综合服务、科普教育与观赏功能；在绿色滨水带内设置绿色剧场、极限运动场；在滨湖水岸走廊设置游船码头、运动场地，在避塘风情休闲带建设水街，满足市民开展休闲娱乐、科普教育、社会交往等多种活动的需要。

4. 建立开放的湖泊河网景观系统，向外围渗透，引导城市的可持续发展

图8-15（左）　镜湖周边用地规划

图8-16（右）　分区规划

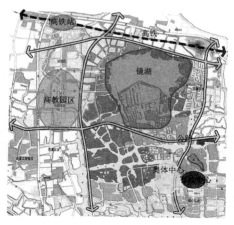

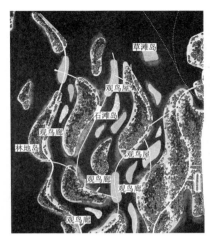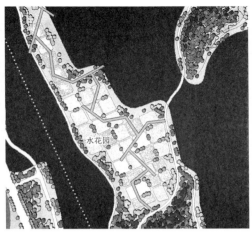

作为镜湖国家湿地公园的核心区域，设计方案延续了外围的湿地系统，通过河流廊道与梅山、荷叶地等外围湿地的整合，利用景观资源的管理协调镜湖与城市的平衡，从而加强区域的可持续发展，作为镜湖新区有序进行城市化过程的生态核心保障。

图 8-17（左）　孤丘堤塘栖息地平面

图 8-18（右）　水生植物花园平面

借由镜湖新区绿色空间体系的建立，通过构建水系廊道、交通廊道、生态廊道、文化廊道连接越城片区、袍江片区、柯桥片区，将大绍兴市域及周边的生态、文化旅游资源联系起来，形成一个以旅游参观、文化科普、生态修复为主的综合体系，在满足人们游览需要的同时，保护土地，维系生态平衡，传承文化（图8-19）。

## 8.2.4　项目总结

从2002年新城定位到2011年镜湖湖滨区设计，镜湖新区的绿色空间建设经历了近十年的时间，到目前为止，镜湖国家湿地公园的建设仍在稳健地进行中，已初步建设完成了十里湖渔猎公园、梅园、同心岛、湿地林、东浦古镇等景点。在"十一五"期间，镜湖新区获得了全国科普示范区、全国社区教育实验区、全国社区教育示范区等多项荣誉。

镜湖新区绿色空间建设能够顺利开展，离不开政府层面对新城的生态定位、上位城市规划优先考虑现有生态资源进行保护、具体层面的国家湿地公园规划设计的严格把关以及设计的合理实施，是从上到下共同协作的结果，为其他新城绿色空间景观生态建设树立了榜样。

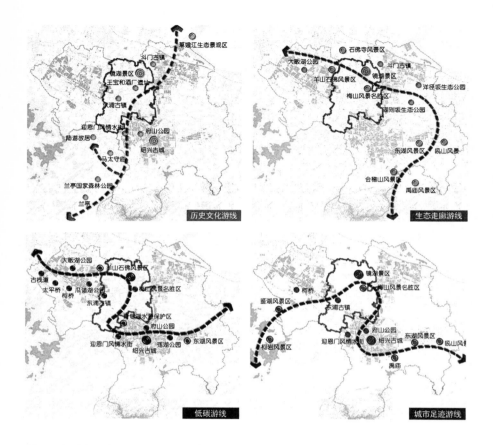

图 8-19 绍兴市区生
态文化旅游规划

## 8.3 "弹性边界"——海盐县城市边缘区绿色空间景观设计

2010年，第48届国际风景园林师联盟（IFLA）大会，将关注点集中到城市的边缘地带，希望通过景观的手段，来解决城市边缘问题，大会对景观设计及城市规划等相关方面进行了探讨，举出了很多具体的实例。"弹性边界"是笔者提交的方案，试图在城市边缘处利用绿色空间，构建一个生态缓冲区，植入过程性景观，为人与候鸟提供和谐生存的空间，将城市融入自然，使二者和谐发展。

### 8.3.1　设计背景

#### 1. 海盐县及其城市化进程

海盐县位于浙江省北部富庶的杭嘉湖平原，东濒杭州湾，西南与海宁市毗邻，北与嘉兴秀洲区、平湖市接壤（图8-20）。海盐置县于秦，历史悠久，素以"鱼米之乡、丝绸之府、礼仪之邦、旅游之地"著称。海盐县是崧泽文化的发祥地之一，距今5000多年前，县境就有先民从事农牧渔猎活动。与绍兴一样，同属于沼泽及季节性积水区域。海盐县经历了几次迁县，于唐代，迁至现在这个位置。新中国成立后，国家进行了几轮乡镇行政区划调整，到2001年，划定其由武原、沈荡、澉浦、秦山、通元、西塘桥、于城、百步8个镇组成。

1985年，海盐县被国务院列入沿海经济开放区，其城乡经济水平得到了提高、居民生活水平和质量持续提高、就业规模持续扩大、社会保障水平不断提升、社会福利事业持续发展。这一系列的经济、社会发展，使海盐县开始了农村城市化。到2010年，海盐县人口373147人，地区生产总值238.27亿元，人均地区生产总值为64063元。县区内的基础设施建设也不断完善，建设项目不断增多。仅房地产项目而言，2010年的施工面积为273.31hm²，比上年增长32.7%，新开工面积134.41hm²，比上年增长104.7%[3]。海盐县已从昔日的以农林产业为主的乡县，变成如今基础设施日趋完善、具有一定城市规模的区县（图8-21）。

图 8-20　海盐县区位

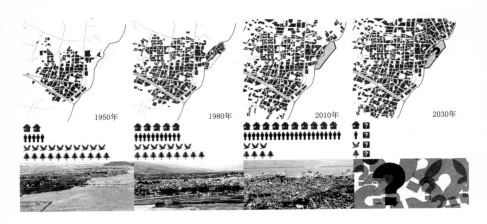

1950年    1980年    2010年    2030年

图 8-21 海盐县发展沿革

## 2. 设计地块

快速城市化也带来一定的副作用。海盐临近我国候鸟迁徙的中转地，每年都有大量的候鸟到来。海盐县的乡村城市化，将建成区延伸至海边，其内部的绿色空间不断被侵蚀，人们缺少活动空间的同时，候鸟的生存及迁徙空间也被破坏。

设计地块为在海盐县与东海交接地带的一处废弃的鱼塘。它位于内部河口的出河口处，由人工建筑的堤坝围合。来自建成区发展的压力以及垃圾、污水的排入，使得用地污染较重，海水的冲打对堤坝也造成了一定的破坏。

项目试图通过对鱼塘进行景观生态设计，在建成区与海洋之间，设置一道绿色缓冲带，弥补城市边缘区绿色空间的不足，为人类和候鸟提供一片净土。

### 8.3.2 设计理念

如何在有限的空间内，发挥最大的生态效应，是设计所要探讨的重点。笔者认为城市建成区与自然之间的分布关系有两种情况：一种是建筑密布，与自然有明显边界区分，在此称为刚性边界；另一种是建筑群块与自然相互交错，在此称为柔性边界。柔性边界可作为城市与自然和谐相容的理想模型，但是在大多数情况下，难以实现。有没有介于二者之间的边界，既能够保证建成区的规模，又能够让其与自然和谐相容？答案为"弹性边界"，即通过设计，让这个边界空间在一定时间内，某一方向另一方妥协，使得有限的空间能够承载更多的功能，既服务于城市，又能服务于自然，从而实现两者的共存。

### 8.3.3　设计方案

本设计的目的，是希望将用地设计为既能为人类休闲活动提供空间，又能够为鸟类迁徙提供中转地的场所。通过对现状鱼塘改造，在其中设计大小不一的生境岛，供人类及候鸟使用。具体从以下三个方面展开了设计。

1. 生境岛

通过填土等方式，将场地的整体走向设计为西高东低。同时，在场地内堆筑了大小不一的生境岛，人工模拟了鸟类栖息的湿地生境，为候鸟提供迁徙途中的休息点。生境岛被设计为有一定的凸凹度，这样增强其蓄水功能，能够储存自然降水，为鸟类提供淡水水源（图8-22）。

2. 现有堤坝

设计对现有堤坝进行了改良，增加其密封性。并在地块内分别设置出水口与入水口。其中，入水口设置在建成区一侧，从城市河流中引入淡水资源。出水口设置在堤坝处，通过一个巧妙的装置，调节地块内的水位，来解决不同时期水位的要求（图8-23）。

3. 植被

在场地内种植耐盐碱的植被、有鲜艳的果实吸引鸟类的植被。并将借由风力传种的植物栽植在迎风区。这样可以借由风力传播、动物传播，将整个地块布满植被。此外，候鸟带来的种子以及排泄的粪便，又能够滋养土地，促进了地块植被的生长。这种良性循环使得我们只需在开始的时候介入人工的力量，进行良性引导，便能够实现长久的生态效益（图8-24）。此外，在靠近建成区一侧，设置木栈道，为人们提供休闲活动空间。

方案以人工引导的方式，用简单的方式切入，打破原有建成

图 8-22　生境岛示意图

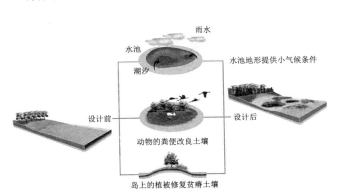

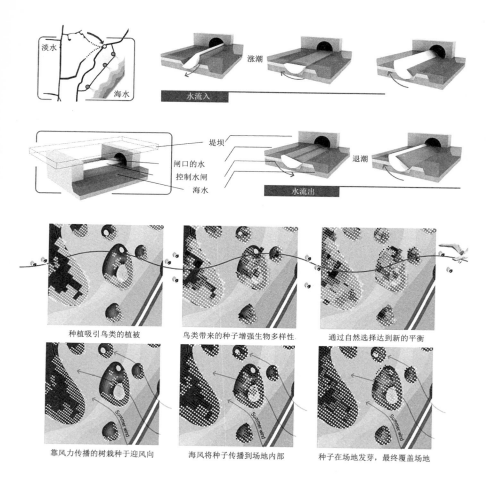

种植吸引鸟类的植被　　鸟类带来的种子增强生物多样性　　通过自然选择达到新的平衡

靠风力传播的树栽种于迎风向　　海风将种子传播到场地内部　　种子在场地发芽，最终覆盖场地

图8-23（上）　水口的
设置和工作原理

图8-24（下）　种植策略

区边界的生态和环境格局，继而通过自然的力量对边缘区绿色空间进行生态恢复，形成"过程景观"（图8-25）。

### 8.3.4　预期目标与意义

1.预期目标

方案希望通过对场地内水位的控制，为人和候鸟在不同的时间段内，提供适合的活动空间。在平日里，该场地主要为人们的日常休闲服务。通过水闸将场地内的水位控制在较低的水平线上，这样可以露出大面积的空地，扩大了人们的活动空间（图8-26）。在候鸟迁徙的季节，该场地为候鸟迁徙服务。通过水闸将场地内的水位控制在较高的水平线上，只露出生境岛。这样水体将人与生境岛隔离，候鸟的休息空间不会受到过多的干扰。人们可以选择在木栈道上远距离地观看候鸟。这也为在密集的建成区生活的居民们提供了一个美好的后花园（图8-27）。

　　2．设计意义

　　本方案在生态方面上，通过增加生物多样性，在地块内部和周边的生态环境改善方面起到了一定的促进作用，同时，延续了鸟类的迁徙路径，有助于候鸟物种的保护。在城市发展方面上，弥补了城市化带来的城市边缘区绿色空间的丧失，为周边用地的未来发展提供了另外一种可能。在公众生活方面上，设计为公众提供了多样的户外活动空间，为公众普及了生态的知识，进而增加了公众的环境保护意识。同时，希望通过这个设计，为同类型的城市边缘区问题提供设计启发。

图 8-25（上）　方案平面及结构图

图 8-26（下）　低水位时场地效果图

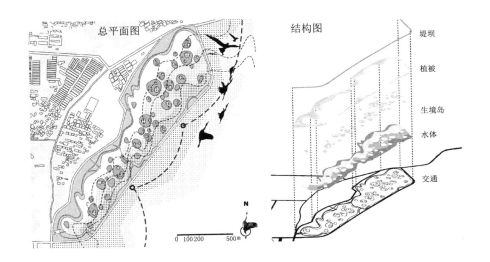

图 8-27 高水位时场
地效果图

结束语

　　城市边缘区相关的研究是一个综合性的课题，它所涉猎的范围广泛，包括经济学、社会学、生态学、地理学、环境学、管理学、城市规划学、风景园林学、美学、行为学等多个相关学科。本书只是从景观生态规划设计和城市规划角度进行的一次探索，是以城市边缘区绿色空间为研究对象，以其景观生态规划设计为内容的应用型理论研究，所探讨的内容仅仅是这个庞大研究体系中的一个微小的部分。

　　在写作过程中，通过相关概念和理论的研究、国内外典型城市边缘区绿色空间案例的总结，归纳出在快速城市化进程中，我国城市边缘区绿色空间的景观生态规划途径，并通过笔者参与的实际案例对提出的规划途径和设计方法进行检验。书中从宏观尺度的城市边缘区绿色空间景观生态规划到基地尺度的生态设计都有所考量，希望能够为边缘区绿色空间建设提供一定的参考，在学术上起到抛砖引玉的作用。

　　本书无意为城市边缘区绿色空间的景观生态规划设计提出标准答案，只是想通过对现实问题的探讨，提出一种能适用于我国的城市边缘区绿色空间发展的方法，这种方法是可供选择与参考的。由于笔者的阅历和实践经验尚浅，以及受到时间、资料获取等方面的限制，仍有许多问题需要进一步深化和完善。

　　书中所列举的研究对象多为大中型城市，选取范围有限，对于小型城市涉猎不多。不同的城市由于其区位和地理条件的不同，一些特殊的城市在进行规划设计时，会面对更加复杂或特殊的问题，文中难免有所疏忽。

　　书中研究侧重于宏观层面的把握，提出可持续的城市边缘区绿色空间的景观生态规划的途径和方法，而针对具体的设计层面，在书中所探讨的是一般性的设计原则，具有一定的普遍性。因此，在进行某项具体的景观生态建设时，还应根据场地内部情况进行实际操作层面的研究和思考。

　　城市边缘区的发展是一个动态的过程，我国目前仍处于快速城市化阶段，而西方发达国家的城市化已经达到稳定，甚至出现逆城市化现象。本书的研究阶段为我国目前快速城市化的发展阶段，而对于城市发展达到稳定后的阶段应该如何维护其稳定以及创造更好的绿色空间等方面，还有待进行挖掘和探索。

　　城市化为人们提供便利的同时，也带来了一定程度的负面影响。我国正处在城市化的快速发展阶段，大规模的城市边缘区建设难免会忽视对城市边缘区绿色空间的保护，进而出现了一系列的生态环境问题，并呈现严重的趋势。这种情况需要我们去及时制止，并弥补之前所造成的损失。面对目前我国城市边缘区的复杂现状，创造适合于中国国情的可持续发展的城市边缘区绿色空间，还有很长的路要走。这一目标的实现，需要来自社会各界的关注与支持，并结合不同学科进行反复的论证、探索和实践。

# 参考文献

第1章

[1] 赵煦.城市化理论的起始问题——城市化概念探析[J].宁德师专学报：
哲学社会科学版，2007（3）：65-70.

[2] 段晓梅.城市规模与"城市病"——对我国城市发展方针的反思[J].
中国人口资源与环境，2001.（4）：133-135.

[3] 张妍，黄志龙.中国城市化水平和速度的再考察[J].城市发展研究，
2010（11）：1-6.

[4] 汤江龙，刘友兆，李娟.城市化进程中城乡结合部土地利用规划问题
的探讨[J].东华理工学院学报：社会科学版，2006，23（4）:25-29.

[5] 吴良镛.人居环境科学导论[M].北京:中国建筑工业出版社，2001:145.


第2章

[1] 中国社会科学院语言研究所词典编辑室.现代汉语词典[M].北京:商务
印书馆，2006：342.

[2] Louis H.Die geographische Gliederung von Gross-Berlin[J].
Bayerische Staatsbibliothek，1936，72（3）:78-83.

[3] Golledge R G. Sydney 's Metropolitan Fringes: A Study in Urban-
rural Relations[J]. Australian Geography, 1960（7）: 243-255.

[4] Pryor R J. Defining the Rural urban Fringe[J]. Social Force,
1968（18）: 202-215.

[5] 张晓军. 国外城市边缘区研究发展的回顾及启示[J]. 国外城市规
划，2005（4）：72-75.

[6] 李世峰.大城市边缘区的形成演变机理及发展策略研究[D].北京:中国
农业大学，2005.

[7] 顾朝林，熊江波.简论城市边缘区研究[J].地理研究，1989，8（3）:95-
101.

[8] 顾朝林，陈田，丁金宏，等.中国大城市边缘区特性研究[J].地理学
报，1993（4）：317-328.

[9] 王伟强.和谐城市的塑造:关于城市空间形态演变的政治经济学实证分
析[M].北京：中国建筑工业出版社，2005:79.

[10] 翟国强.中国现代大城市中心城区边缘区的发展与建设[D].天津:天津
大学，2007.

[11] 李海波，杨岚.城市绿色空间系统规划设计研究：实施"园林城市"建设工程新探索[J].城市规划，1999，23（8）:53-54.

[12] 孟伟庆，李洪远，朱琳.城市绿化的发展思路：绿色空间建设[J].城市环境与城市生态，2005，18（2）:8-10.

[13] 常青，李双成，李洪远，等.城市绿色空间研究进展与展望[J].应用生态学报，2007，18（7）:1640-1646.

[14] Turner T. Open space planning in London: From standars per 1000 to green strategy[J]. Town Planning Review, 1992（63）: 365-385.

[15] H. sbirwani: The Ubran Design Process, Van Nostranel Rein Hold Compang, New York, 1985.

[16] Wang Xiao-jun. Type, quantity and layout of urban peripheral green space[J]. Journal of Forestry Research, 2001（11），67-70.

## 第3章

[1] 顾朝林，陈田，丁金宏，等.中国大城市边缘区特性研究[J].地理学报，1993（4）：317-328.

[2] Howard E. Garden Cities of To-Morrow[M]. London: Faber and Faber, 1902: 33.

[3] Hall P. Cities of tomorrow: an intellectual history of urban planning and design in the twentieth century[M]. London: Oxford: Basil Blackwell, 1988:50.

[4] Saarinen E. The City - Its Growth, Its Decay, Its Future [M]. NY, Reinhold Publishing Corporation, 1945: 46.

[5] 王如松.转型期城市生态学前沿研究进展[J].生态学报，2000，20（5）：830-840.

[6] Register R. Ecocity Berkeley: building cities for a healthy future[M]. New York: North Atlantic Books, 1987: 54.

[7] Register R. Ecocities: Rebuilding cities in balance with nature[M]. Amercian: New Society Pub, 2006: 89.

[8] De Wolfe I. Civilia: the end of sub urban man: a challenge to Semidetsia[M]. USA: Architectural Press, 1971: 56.

[9] Commission E. Green paper on the urban environment[J]. Brussels: European Commission, 1990,54（2）: 66-69.

[10] 刘海龙.从无序蔓延到精明增长——美国"城市增长边界"概念述评[J].城市问题，2005（3）：67-72.

[11] Calthorpe P. The next American metropolis: Ecology, community, and the American dream[M]. USA: Princeton Architectural Pr, 1993: 46.

[12] Duany A, Plater-Zyberk E, Speck J. Suburban nation: The rise of sprawl and the decline of the American dream[M]. USA: North Point Pr, 2001: 78.

[13] 彼得·卡尔索普, 威廉富尔顿. 区域城市——终结蔓延的规划[M]. 北京: 中国建筑工业出版社, 2007: 67.

[14] 张明. 城市的增长边缘——规划与管理（二等奖）[J]. 城市规划, 1991（2）: 42-45.

[15] 邢忠, 魏皓严. 城镇化进程中城市边缘区的理性分期推移[J]. 城市发展研究, 2003（6）: 53-59.

[16] 李和平, 李金龙. 城市边缘区发展的理念、管理制度与规划方法[J]. 重庆建筑大学学报, 2004（3）: 1-5.

[17] 钱紫华, 孟强, 陈晓键. 国内大城市边缘区发展模式[J]. 城市问题, 2005（6）: 13-17.

[18] 周婕, 吴志强. 谁持彩练当空舞——城市边缘区反蔓延生态控制圈研究[C]// 2008中国城市规划年会论文集. 大连: 大连出版社, 2008: 1251-1262.

[19] 熊向宁. 转型期中国大城市边缘区的规划机制研究[D]. 武汉: 华中科技大学, 2010.

[20] Mcharg I. Design with nature[M]. American: American Museum of Natural History by the Natural History Press, 1969: 67.

[21] Forman R T T. Land mosaics: the ecology of landscapes and regions[M]. New York: Cambridge Univ Pr, 1995: 45.

[22] 王衍. 景观都市主义实践的理论追溯[J]. 时代建筑, 2011（5）: 32-35

[23] 吴良镛. 人居环境科学导论[M]. 北京: 中国建筑工业出版社, 2001: 145.

[24] 薛军. 结合自然的城市边缘区规划研究[D]. 西安: 西安建筑科技大学, 2003.

[25] 任国柱, 陈晓军, 张宏业. 北京城市边缘区建设用地空间格局与区域生态环境效应: 以房山区平原地区为例[J]. 城市环境与城市生态, 2003（6）: 292-294.

[26] 蔡琴. 可持续发展的城市边缘区环境景观规划研究[D]. 北京: 清华大学, 2007.

[27] 王菁. 城市边缘区农田景观设计研究[D]. 合肥: 合肥工业大学, 2007.

[28] 许晓青. 景观作为基础设施在城市边缘设计中的运用——以蓝帆工业园为例[D]. 北京: 清华大学, 2010.

## 第4章

[1] （英）彼得·霍尔. 城市和区域规划[M].邹德慈，李浩，等译. 北京：中国建筑工业出版社，2008.

[2] 蔡琴.可持续发展的城市边缘区环境景观规划研究[D].北京：清华大学，2007.

[3] 余慧，张娅兰，李志琴.伦敦生态城市建设经验及对我国的启示[J].科技创新导报，2010（9）：139-140.

[4] 许浩.国外城市绿地系统规划[M].北京:中国建筑工业出版社，2003:46.

[5] Mayor of London Green Grid Framework [EB/OL]. http://www.london.gov.uk/thelondonplan/docs/spg/lon-green-grid.pdf.2008-02：1-38.

[6] 邢建军.美国城市化发展探析[D].吉林：吉林大学，2011.

[7] Jackson K T. Crabgrass frontier: The suburbanization of the United States[M].USA: Oxford University Press, 1985:89.

[8] 孙一飞，马润潮.边缘城市:美国城市发展的新趋势[J].国外城市规划，1997（4）:28-35.

[9] Duany A, Plater-Zyberk E, Speck J. Suburban nation: The rise of sprawl and the decline of the American dream[M].USA: North Point Pr, 2001:78.

[10] Henry R.R. Metropolian Land-Use Reform: The Promise and Challenge of Majority Consensus [M]// Bruce K. Reflection on Regionalism. Washington, D.C, 2000:16.

[11] 罗思东，美国郊区的蔓延：对交通拥堵与土地资源流失的分析[J].城市规划学刊，2005（3）：43-46.

[12] （美）奥利弗·吉勒姆，无边的城市——论战城市蔓延[M].叶齐茂，倪晓晖，译.北京:中国建筑工业出版社，2007.

[13] Connie P O. 生态城市前沿：美国波特兰成长的挑战和经验[M].寇永霞，朱力，译.南京：东南大学出版社.2010.

[14] 张润朋.波特兰城市总体规划实施评估及其借鉴[C]//规划创新:2010中国城市规划年会论文集.北京：中国城市规划学会，2011：1-8.

[15] Portland Plan Atlas [EB/OL]. http:// http://www.portlandonline.com/portlandplan/index.cfm?c=51992:1-20.

[16] Connie P O. The Portland edge: Challenges and successes in growing communities [M].Island Press, 2004.

[17] Calthorpe P, Fulton W. The regional city: Planning for the end

of sprawl [M]. Washington, DC: Island Press, 2001.

[18] 胡娜.东京大都市圈形成过程地理分析[D]:吉林:东北师范大学, 2006.

[19] 欧阳志云，王如松，李伟峰，等.北京市环城绿化隔离带生态规划 [J].生态学报，2005，25（5）：965-971.

[20] 北京市城市规划设计院.北京市绿地系统规划[EB/OL].http://www. bjghw.gov.cn.


第5章

[1] 龚兆先，周永章.环城绿带对城乡边缘带景观的促进机制[J].城市问题，2005（4）:21-24.

[2] 上海市人民政府.上海市环城绿带管理办法[J].法规月刊，2002（4）: 43-45.

[3] 冯萍.引导城市良性发展的有益探索：谈广东省《环城绿带规划指引》的编制[J].规划师，2003，19（10）:82-83.

[4] Yoder C O, Miltner R J, White D. Assessing the status of aquatic life designated uses in urban and suburban watersheds[C]//Washington, DC, Environmental Protection,1999: 145-153.

[5] 祝光耀.发展旅游莫忘生态保护[N].人民日报，2002-07-21（4）.

[6] 彭德胜."反规划"理论在城市总体规划中的应用：以沅江市城市总体规划为例[J].城市发展研究，2005（1）: 31-36.

[7] Friedmann J. Toward a non-Euclidian mode of planning[J]. Journal of the American Planning Association, 1993,59（4）:482-485.

[8] 俞孔坚，李迪华，刘海龙."反规划"途径[M].北京:中国建筑工业出版社，2005:46.

[9] （美）西蒙兹.景观设计学:场地规划与设计手册[M]. 俞孔坚，王志芳，等译.第3版. 北京:中国建筑工业出版社，2000:35.


第6章

[1] Apmand D, 李世芬.景观科学[M].北京:商务印书馆，1975:34.

[2] 邬建国.景观生态学:格局，过程，尺度与等级[M].北京:高等教育出版社，2000：103.

[3] 肖笃宁.景观生态学[M].北京:科学出版社，2003:149.

[4] 余新晓，牛健植，关文彬，等.景观生态学[M].北京:高等教育出版

社，2008.

[5] 王云才，石忆邵，陈田.传统地域文化景观研究进展与展望[J].同济大学学报：社会科学版，2009（1）:18-24.

[6] 王向荣，韩炳越.杭州"西湖西进"可行性研究[J].中国园林，2001（6）:11-14.

[7] 王云才.景观生态规划原理[M].北京：中国建筑工业出版社，2007：87.

[8] 俞孔坚，李迪华，刘海龙."反规划"途径[M].北京:中国建筑工业出版社，2005:46.

[9] Geddes P, Legates R T, Stout F. Cities in evolution[M]. London: Williams and Norgate London, 1949: 3.

[10] Michael T.上海陈家镇生态城市规划与设计[J].理想空间,2005（10）: 56-61.

[11] Forman R T T. Land mosaics: the ecology of landscapes and regions[M]. New York: Cambridge Univ Pr, 1995:45.

[12] Zonneveld I S. Land ecology: an introduction to landscape ecology as a base for land evaluation, land management and conservation[M]. New York: SPB Academic Publishing, 1995:178.

[13] Birrell B, O'Connor K, Rapson V, et al. Melbourne 2030:Planning rhetoric versus urban reality[M]. Melbourne: Monash University Press, 2005: 31.

[14] Melbourne 2030 [EB/OL]. http://www.nre.vic.gov.au/melbourne2030online.

[15] Landscape国际新景观 International New. 区域规划&城市设计——美国[M].武汉: 华中科技大学出版社，2010: 478.

[16] Forman R T T, Alexander L E. Roads and their major ecological effects[J]. Annual review of ecology and systematics, 1998,56（32）: 34-37.

[17] Us PCOA. The President's Commission on Americans Outdoors: Case Studies[M].Amercian: President's Commission on Americans Outdoors, 1986: 98.

[18] 谭少华，赵万民. 绿道规划研究进展与展望[J].中国园林，2007，23（2）:85-89.

[19] 赵志模，郭依泉. 群落生态学原理与方法[M]. 重庆: 科学技术文献出版社重庆分社，1990: 147-154.

[20] 邢忠."边缘效应"与城市生态规划[J]. 城市规划，2001，25（6）: 44-49.

[21] 任庆昌，杨沛儒，王浩，等.紧凑发展与城市生态空间绩效的测度：以广州市南沙区城市生态空间模式的测度为例[C]//生态文明视角下的城乡规划：2008中国城市规划年会论文集，2008.

[22] Walker B，Salt D，彭少麟，等. 弹性思维：不断变化的世界中社会-生态系统的可持续性[M].北京：高等教育出版社，2010:65.

[23]　OMA."Tree City" program [EB/OL]. http://oma.eu/.

[24] 皮立波.现代都市农业的理论和实践研究[D].成都:西南财经大学,2001.

[25] 袁增伟，毕军.产业生态学[M].北京：科学出版社，2010.

[26] Christensen J. The industrial symbiosis at Kalundborg-Presentation to the eco-industrial development roundtable[D]. Mississippi State University，2000：209-211.

[27] 苏州工业园区管委会.苏州工业园区简介[EB/OL].http://www.sipac.gov.cn/.2015.

[28] 林箐.景观与技术[J].风景园林，2010（4）:118-124.

[29] Frankel J. Past, Present, and Future Constitutional Challenges to Transferable Development Rights[J]. Wash. L. Rev., 1999, 74: 825.

[30] Micelli E. Development rights markets to manage urban plans in Italy[J]. Urban Studies, 2002, 39（1）: 141.

[31] Barrows R L, Prenguber B A. Transfer of development rights: an analysis of a new land use policy tool[J].American Journal of Agricultural Economics,1975,57（4）: 549-557.

[32] Pizor P J. A review of transfer of development rights[J]. Appraisal Journal, 1978, 46（3）: 386-396.

[33] 肖芬蓉.生态文明背景下的社区支持农业（CSA）探析[J].绿色科技，2011（9）:7-13.

[34] 石嫣，程存旺，雷鹏，等.生态型都市农业发展与城市中等收入群体兴起相关性分析：基于"小毛驴市民农园"社区支持农业（CSA）运作的参与式研究[J].贵州社会科学，2011（2）: 55-60.

[35] Theokas A. Grounds for Riview:The Garden Festival in Urban Pianning and Design[M]Liverpool University Press，2005.3:1-266.

[36] 许浩.城市景观规划设计理论与技法[M].北京:中国建筑工业出版社，2006:114.

[37] 杰克，艾亨，周啸.论绿道规划原理与方法[J].风景园林，2012（5）:104-107.

[38] 何梅，汪云，夏巍，等. 特大城市生态空间体系规划与管控研究
[M]. 北京：中国建筑工业出版社，2010: 200.

[39] Calthorpe P, Fulton W B. The regional city: Planning for the end
of sprawl[M]. USA: Island Pr, 2001: 79.

[40] 百度百科.生态修复[EB/OL]. http://baike.baidu.com/view/695870.
htm.

[41] Honachefsky W B. Ecologically based municipal land use
planning[M]. USA: CRC, 2000: 67.

[42] 毛显强,钟俞.生态补偿的理论探讨[J].中国人口资源与环境，2002
(4):38-41.


第7章

[1] Urban Omnibus. The Staten Island Bluebelt: Storm Sewers,
Wetlands, Waterways [EB/OL]. http://urbanomnibus.net/2010/12/
the-staten-island-bluebelt-storm-sewers-wetlands-
waterways/#comments.

[2] 史洁，蔡珊珊.论资源利用的公平性[J].湖北经济学院学报：人文社
会科学版，2007（10）: 43-44.

[3] 冯潇.现代风景园林中自然过程的引入与引导研究[D].北京:北京林业
大学，2009.

[4] 朱建宁.法国风景园林大师米歇尔·高哈汝及其苏塞公园[J].中国园
林，2000（6）: 58-61.

[5] 米歇尔·高哈汝.米歇尔·高哈汝在中法园林文化论坛上的报告[J].
中国园林，2007（4）:61-68.

[6] 朱建宁.展现地域自然景观特征的风景园林文化[J].中国园林，2011
（11）: 1-4.

[7] 林箐，王向荣.杭州江阳畈生态公园[J].城市环境设计，2009（9）:122-123.


第8章

[1] 车越乔，陈桥驿.绍兴历史地理[M]:上海：上海书店出版社，2001:197.

[2] 王向荣，林箐，沈实现.湿地景观的恢复与营造：浙江绍兴镜湖国家
城市湿地公园及启动区规划设计[J].风景园林，2006（4）:18-23.

[3] 中共海盐县委，海盐县人民政府.海盐概况[EB/OL]. http://www.
haiyan.gov.cn/col/col10/index.htm.

# 致　谢

本书是在我博士论文的基础上，经过修改而得到的一个阶段性研究成果。自攻读硕士、博士学位以来，跟随导师王向荣教授和师母林箐教授，所从事的研究课题与实践项目多与大尺度的城市规划设计有关，激发了我从城市尺度视角对风景园林规划设计进行相关思考。一些项目契机，也让我感觉到城市边缘区是最易被忽视的且各城市要素活动最频繁的区域，便想要更深入地进行城市边缘区的研究。

在本书的写作过程中，我遇到许多可敬、可爱、可亲的人们，包括带领我走进风景园林专业的殿堂、指引我前进方向的老师们和陪伴着我一起成长的同学们。

首先，要衷心地感谢我的导师王向荣教授与师母林箐教授。他们在学术方面具有渊博的知识、独到的见解；在教学方面具有严谨的治学态度、无私的奉献精神；在实践方面具有负责的从业态度、认真的钻研精神；在生活方面更是对我无微不至、关爱有加。这些都深深地感染着我，影响着我，他们为我树立了良好的学习榜样。

其次，感谢北京林业大学的梁伊任教授、周曦教授、赵鸣教授，中国城市建设研究院的李金路教授以及北京市园林古建设计研究院的毛子强教授在百忙之中对本书进行指导。感谢李雄、刘志成、董璁、苏雪痕、李翅、朱建宁、刘晓明、王沛永等老师给予本人在学业上的帮助。

感谢"多义"这个大家庭以及家庭中的每一位成员，他们是阳春白雪、肖启发、李洋、钟春炜、张铭然等，在这里，我与大家一同成长，度过了许多美好而又难忘的日子。

感谢沈洁、洪泉、牛萌、陈笑、鲍沁星、孔莹、任蓉、胡婧等同学。他们与我一同经历过很多重要的时刻，有欢笑也有泪水，这份感情来之不易，定会好好珍惜。

最后，要特别感谢我的家人，他们的关怀与鼓励是我心中最温暖的港湾与不断前进的动力。

2016年1月11日

王思元